长江人文馆
Humanities

MEIXUE MANBU

美学漫步

宗白华/著

长江出版传媒 | 长江文艺出版社

图书在版编目（ＣＩＰ）数据

美学漫步 / 宗白华著. -- 武汉：长江文艺出版社，
2019.8
（长江人文馆）
ISBN 978-7-5702-1118-0

Ⅰ. ①美… Ⅱ. ①宗… Ⅲ. ①美学－文集 Ⅳ.
①B83-53

中国版本图书馆 CIP 数据核字(2019)第 112490 号

策划编辑：张远林
责任编辑：黄海阔　　　　　　　　责任校对：毛　娟
封面设计：天行云翼·宋晓亮　　　责任印制：邱　莉　杨　帆

出版：长江出版传媒 | 长江文艺出版社
地址：武汉市雄楚大街 268 号　　　邮编：430070
发行：长江文艺出版社
http://www.cjlap.com
印刷：中印南方印刷有限公司

开本：680 毫米×970 毫米　　1/16　　印张：20　插页：1 页
版次：2019 年 8 月第 1 版　　　　2019 年 8 月第 1 次印刷
字数：186 千字

定价：39.80 元

目　录

美与人生

美与艺术

美与传统

美与人生

美从何处寻？

啊，诗从何处寻？

在细雨下，点碎落花声，

在微风里，飘来流水音，

在蓝空天末，摇摇欲坠的孤星！①

尽日寻春不见春，

芒鞋踏遍陇头云，

归来笑拈梅花嗅，

春在枝头已十分。②

———————————

① 此为宗白华作《流云小诗》。
② 据宋罗大经《鹤林玉露》记载，此诗是某尼悟道诗。

诗和春都是美的化身，一是艺术的美，一是自然的美。我们都是从目观耳听的世界里寻得她的踪迹。某尼悟道诗大有禅意，好像是说"道不远人"，不应该"道在迩而求诸远"。好像是说："如果你在自己的心中找不到美，那么，你就没有地方可以发现美的踪迹。"

然而梅花仍是一个外界事物呀，大自然的一部分呀！你的心不是"在"自己的心的过程里，在感情、情绪、思维里找到美；而只是"通过"感觉、情绪、思维找到美，发现梅花里的美。美对于你的心，你的"美感"是客观的对象和存在。你如果要进一步认识她，你可以分析她的结构、形象、组成的各部分，得出"谐和"的规律、"节奏"的规律、表现的内容、丰富的启示，而不必顾到你自己的心的活动，你越能忘掉自我，忘掉你自己的情绪波动，思维起伏，你就越能够"漱涤万物，牢笼百态"，你就会像一面镜子，像托尔斯泰那样，照见了一个世界，丰富了自己，也丰富了文化。人们会感谢你的。

那么，你在自己的心里就找不到美了吗？我说，如果我们的心灵起伏万变，经常碰到情感的波涛，思想的矛盾，当我们身在其中时，恐怕尝到的是苦闷，而未必是美。只有莎士比亚或巴尔扎克把它形象化了，表现在文艺里，或是你自己手之舞之，足之蹈之，把你的欢乐表现在舞蹈的形象里，或把你的忧郁歌咏在有节奏的诗歌里，甚至于在你的平日的行动里、语言里。一句话，就是你的心要具体地表现在形象里，那时旁人会看见你的心灵的美，你自己也才真正地切实地具体地发现你的心里的美。除此以外，恐怕不容易吧！你的心可以发现美的对象（人生的，社会的，自然的），这"美"对于你是客观的存在，不以你的意志为转移。（你的意志只能指使你的眼睛去看她，或不去看她，而不能改变她。你能训练你的眼睛深一层地去认识她，却不能动摇她。希腊伟大的艺术不因中古时代而减少它的光辉。）

宋朝某尼虽然似乎悟道，然而她的觉悟不够深，不够高，她不能发现整个宇宙已经盎然有春意，假使梅花枝上已经春满十分了。她在踏遍陇头云时是苦闷的、失望的。她把自己关在狭窄的心的圈子里了。只在自己的心里去找寻美的踪迹是不够的，是大有问题的。王羲之在《兰亭序》里说："仰观宇宙之大，俯察品类之盛，所以游目骋怀，足以极视听之娱，信可乐也。"这是东晋大书法家在寻找美的踪迹。他的书法传达了自然的美和精神的美。不仅是大宇宙，小小的事物也不可忽视。诗人华滋沃斯曾经说过："一朵微小的花对于我可以唤起不能用眼泪表达出的那样深的思想。"

达到这样的、深入的美感，发现这样深度的美，是要在主观心理方面具有条件和准备的。我们的感情是要经过一番洗涤，克服了小己的私欲和利害计较。矿石商人仅只看到矿石的货币价值，而看不见矿石的美的特性。我们要把整个情绪和思想改造一下，移动了方向，才能面对美的形象，把美如实地和深入地反映到心里来，再把它放射出去，凭借物质创造形象给表达出来，才成为艺术。中国古代曾有人把这个过程唤做"移人之情"或"移我情"。琴曲《伯牙水仙操》的序上说：

> 伯牙学琴于成连，三年而成。至于精神寂寞，情之专一，未能得也。成连曰："吾之学不能移人之情，吾师有方子春在东海中。"乃赍粮从之，至蓬莱山，留伯牙曰："吾将迎吾师！"划船而去，旬日不返。伯牙心悲，延颈四望，但闻海水汩波，山林窅冥，群鸟悲号。仰天叹曰："先生将移我情！"乃援操而作歌云："繄洞庭兮流斯护，舟楫逝兮仙不还，移形素兮蓬莱山，欸钦伤宫仙不还。"

伯牙由于在孤寂中受到大自然强烈的震撼，生活上的异常遭遇，整个心境受了洗涤和改造，才达到艺术的最深体会，把握到音乐的创造性的旋律，完成他的美的感受和创造。这个"移情说"比起德国美学家栗卜斯的"情感移入论"似乎还要深刻些，因为它说出现实生活中的体验和改造是"移情"的基础呀！并且"移易"和"移入"是不同的。

这里我所说的"移情"应当是我们审美的心理方面的积极因素和条件，而美学家所说的"心理距离""静观"，则构成审美的消极条件。女子郭六芳有一首诗《舟还长沙》说得好：

> 侬家家住两湖东，
> 十二珠帘夕照红，
> 今日忽从江上望，

始知家在画图中。

自己住在现实生活里，没有能够把握它的美的形象。等到自己对自己的日常生活有相当的距离，从远处来看，才发现家在画图中，融在自然的一片美的形象里。

但是在这主观心理条件之外，也还需要客观的物的方面的条件。在这里是那夕照的红和十二珠帘的具有节奏与和谐的形象。宋人陈简斋的海棠诗云："隔帘花叶有辉光。"帘子造成了距离，同时它的线文的节奏也更能把帘外的花叶纳进美的形象，增强了它的光辉闪灼，呈显出生命的华美，就像一段欢愉生活嵌在素朴而具有优美旋律的歌词里一样。

这节奏，这旋律，这和谐等等，它们是离不开生命的表现，它们不是死的机械的空洞的形式，而是具有丰富内容，有表现、有深刻意义的具体形象。形象不是形式，而是形式和内容的统一，形式中每一个点、线、色、形、音、韵，都表现着内容的意义、情感、价值。所以诗人艾里略说："一个造出新节奏的人，就是一个拓展了我们的感情并使它更为高明的人。"又说："创造一种形式并不是仅仅发明一种格式、一种韵律或节奏，而且也是这种韵律或节奏的整个合式的内容的发觉。莎士比亚的十四行诗并不仅是如此这般的一种格式或图形，而是一种恰是如此思想感情的方式。"而具有着理想的形式的诗是"如此这般的诗，以致我们看不见所谓诗，而但注意着诗所指示的东西。"这里就是"美"，就是美感所受的具体对象。它是通过美感来摄取的美，而不是美感的主观的心理活动自身。就像物质的内部结构和规律是抽象思维所摄取的，但自身却不是抽象思维而是具体事物。所以专在心内搜寻是达不到美的踪迹的。美的踪迹要到自然、人生、社会的具体形象里去找。

但是心的陶冶，心的修养和锻炼是替美的发现和体验作准备的。创造"美"也是如此。捷克诗人里尔克在他的《柏列格的随笔》里有一段话精深微妙，梁宗岱曾把它译出，现介绍如下：

……一个人早年作的诗是这般缺意义，我们应该毕生期待和采集，如果可能，还要悠长的一生；然后，到晚年，或者可以写出十行好诗。因为诗并不像大家所想象。徒是情感（这是我们很早就有了的），而是经验。单要写一句诗，我们得要观察过许多城许多人许多物，得要认识走兽，得要感到鸟儿怎样飞翔和知道小花清晨舒展的姿势。得要能够回忆许多远路和僻境，意外的邂逅，眼光望它接近的分离，神秘还未启明的童年，和容易生气的父母，当他给你一件礼物而你不明白的时候（因为那原是为别人设的欢喜）和离奇变幻的小孩子的病，和在一间静穆而紧闭的房里度过的日子，海滨的清晨和海的自身，和那与星斗齐飞的高声呼号的夜间的旅行——而单是这些犹未足，还要享受过许多夜不同的狂欢，听过妇人产时的呻吟，和坠地便瞑目的婴儿轻微的哭声，还要曾经坐在临终人的床头和死者的身边，在那打开的、外边的声音一阵阵拥进来的房里。可是单有记忆犹未足，还要能够忘记它们，当它们太拥挤的时候，还要有很大的忍耐去期待它们回来。因为回忆本身还不是这个，必要等到它们变成我们的血液、眼色和姿势了，等到它们没有了名字而且不能别于我们自己了，那么，然后可以希望在极难得的顷刻，在它们当中伸出一句诗的头一个字来。

这里是大诗人里尔克在许许多多的事物里、经验里，去踪迹诗，去发现美，多么艰辛的劳动呀！他说："诗不徒是感情，而是经验。"现在我们也就转过方向，从客观条件来考察美的对象的构成。改造我们的感情，使它能够发现美。中国古人曾经把这唤做"移我情"，改变着客观世界的现象，使它能够成为美的对象，中国古人曾经把这唤做"移世界"。

"移我情""移世界"，是美的形象涌现出来的条件。

我们上面所引长沙女子郭六芳诗中说过："今日忽从江上望，始知家在画图中，"这是心理距离构成审美的条件。但是"十二珠帘夕照红"，却构成这幅美的形象的客观的积极的因素。夕照、月明、灯光、帘幕、薄纱、轻雾，人人知道是助成美的出现的有力的因素，现代的照相术和舞台布景知道这个而尽量利用着。中国古人曾经唤做"移世界"。

明朝文人张大复在他的《梅花草堂笔谈》里记述着：

邵茂齐有言，天上月色能移世界，果然！故夫山石泉涧，梵刹园亭，屋庐竹树，种种常见之物，月照之则深，蒙之则净，金碧之彩，披之则醇，惨悴之容，承之则奇，浅深浓淡之色，按之望之，则屡易而不可了。以至河山大地，邈若皇古，犬吠松涛，远于岩谷，草生木长，闲如坐卧，人在月下，亦尝忘我之为我也。今夜严叔向，置酒破山僧舍，起步庭中，幽华可爱，旦视之，酱盎纷然，瓦石布地而已，戏书此以信茂齐之语，时十月十六日，万历丙午三十四年也。

月亮真是一个大艺术家，转瞬之间替我们移易了世界，美的形象，涌现在眼前。但是第二天早晨起来看，瓦石布地而已。于是有人得出结论说：美是不存在的。我却要更进一步推论说，瓦石也只是无色、无形的原子或电磁波，而这个也只是思想的假设，我们能抓住的只是一堆抽象数学方程式而已。究竟什么是真实的存在？所以我们要回转头来说，我们现实生活里直接经验到的、不以我们的意志为转移的、丰富多彩的、有声有色有形有相的世界就是真实存在的世界，这是我们生活和创造的园地。所以马克思很欣赏近代唯物论的第一个创始者培根的著作里所说的物质以其感觉的诗意的光辉向着整个的人微笑，而不满意霍布士的唯物论里"感觉失去了它的光辉而变为几何学家的抽象感觉，唯物论变成了厌世论"。在这里物的感性的质、光、色、声、热等不是物质所固有的了，光、色、声中的美更成了主观的东西。于是世界成了灰白色的骸骨，机械的死的过程。恩格斯也主张我们的思想要像一面镜子，如实地反映这多彩的世界。美是存在着的！世界是美的，生活是美的。它和真和善是人类社会努力的目标，是哲学探索和建立的对象。

美不但是不以我们的意志为转移的客观存在，反过来，它影响着我们，教育着我们，提高生活的境界和意趣。它的力量更大了，它也可以倾国倾城。希腊大诗人荷马的著名史诗《伊利亚特》歌咏希腊联军围攻特罗亚九年，为的是夺回美人海伦，而海伦的美叫他们感到九年的辛劳和牺牲不是白费的。现在引述这一段名句：

> 特罗亚长老们也一样的高踞城雉，
> 当他们看见了海伦在城垣上出现，
> 老人们便轻轻低语，彼此交谈机密：
> "怪不得特罗亚人和坚胫甲阿开人，
> 为了这个女人这么久忍受苦难呢，
> 她看来活像一个青春长驻的女神。
> 可是，尽管她多美，也让她乘船去吧，
> 别留这里给我们子子孙孙作祸根。"

荷马不用浓丽的词藻来描绘海伦的容貌，而从她的巨大的惨酷的影响和力量轻轻地点出她的倾国倾城的美。这是他的艺术高超处，也是后人所赞叹不已的。

我们寻到美了吗？我说，我们或许接触到美的力量，肯定了她的存在，而她的无限的丰富内含却是不断地待我们去发现。千百年来的诗人艺术家已经发现了不少，保藏在他们的作品里，千百年后的世界仍会有新的表现。每一个造出新节奏来的人，就是拓展了我们的感情并使它更为高明的人！

原载《新建设》1957 年第 6 期

美学的散步

小　言

　　散步是自由自在、无拘无束的行动，它的弱点是没有计划，没有系统。看重逻辑统一性的人会轻视它，讨厌它，但是西方建立逻辑学的大师亚里士多德的学派却唤做"散步学派"，可见散步和逻辑并不是绝对不相容的。中国古代一位影响不小的哲学家——庄子，他好像整天是在山野里散步，观看着鹏鸟、小虫、蝴蝶、游鱼，又在人间世里凝视一些奇形怪状的人：驼背、跛脚、四肢不全、心灵不正常的人，很像意大利文艺复兴时大天才达·芬奇在米兰街头散步时速写下来的一些"戏画"，现在竟成为"画院的奇葩"。庄子文章里所写的那些奇特人物大概就是后来唐、宋画家画罗汉时心目中的范本。

散步的时候可以偶尔在路旁折到一枝鲜花，也可以在路上拾起别人弃之不顾而自己感到兴趣的燕石。

无论鲜花或燕石，不必珍视，也不必丢掉，放在桌上可以做散步后的回念。

诗（文学）和画的分界

苏东坡论唐朝大诗人兼画家王维（摩诘）的《蓝田烟雨图》说："味摩诘之诗，诗中有画；观摩诘之画，画中有诗。诗曰：'蓝溪白石出，玉山红叶稀，山路元无雨，空翠湿人衣'。此摩诘之诗也。或曰：'非也，好事者以补摩诘之遗'。"

以上是东坡的话，所引的那首诗，不论它是不是好事者所补，把它放到王维和裴迪所唱和的《辋川绝句》里去是可以乱真的。这确是一首"诗中有画"的诗。"蓝溪白石出，玉山红叶稀"，可以画出来成为一幅清奇冷艳的画，但是"山路元无雨，空翠湿人衣"二句，却是不能在画面上直接画出来的。假使刻舟求剑似的画出一个人穿了一件湿衣服，即使不难看，也不能把这种意味和感觉像这两句诗那样完全传达出来。好画家可以设法暗示这种意味和感觉，却不能直接画出来。这位补诗的人也正是从王维这幅画里体会到这种意味和感觉，所以用"山路元无雨，空翠湿人衣"这两句诗来补足它。这幅画上可能并不曾画有人物，那会更好地暗示这感觉和意味。而另一位诗人可能体会不同而写出别的诗句来。画和诗毕竟是两回事。诗中可以有画，像头两句里所写的，但诗不全是画。而那不能直接画出来的后两句恰正是"诗中之诗"，正是构成这首诗是诗而不是画的精要部分。

然而那幅画里若不能暗示或启发人写出这诗句来，它可能是一张很好的写实照片，却又不能成为真正的艺术品——画，更不是大诗画家王维的画了。这"诗"和"画"的微妙的辩证关系不是值得我们深思探索的吗？

宋朝文人晁以道有诗云："画写物外形，要物形不改，诗传画外意，贵有画中态。"这也是论诗画的离合异同。画外意，待诗来传，才能圆满，诗里具有画所写的形态，才能形象化、具体化，不至于太抽象。

但是王安石《明妃曲》诗云："意态由来画不成，当时枉杀毛延寿。"他是个喜欢做翻案文章的人，然而他的话是有道理的。美人的意态确是难画出的，东施以活人来效颦西施尚且失败，何况是画家调脂弄粉。那画不出的"巧笑倩兮，美目盼兮"，古代诗人随手拈来的这两句诗，却使孔子以前的中国美人如同在我们眼面前。达·芬奇用了四年工夫画出蒙娜莉莎的美目巧笑，在该画初完成时，当也能给予我们同样新鲜生动的感受。现在我却觉得我们古人这两句诗仍是千古如新，而油画受了时间的侵蚀，后人的补修，已只能令人在想象里追寻旧影了。我曾经坐在原画前默默领略了一小时，口里念着我们古人的诗句，觉得诗启发了画中意态，画给予诗以具体形象，诗画交辉，意境丰满，各不相下，各有千秋。

达·芬奇在这画像里突破了画和诗的界限，使画成了诗。谜样的微笑，勾引起后来无数诗人心魂震荡，感觉这双妙目巧笑，深远如海，味之不尽，天才真是无所不可。但是画和诗的分界仍是不能泯灭的，也是不应该泯灭的，各有各的特殊表现力和表现领域。探索这微妙的分界，正是近代美学开创时为自己提出的任务。

十八世纪德国思想家莱辛开始提出这个问题，发表他的美学名著《拉奥孔或论画和诗的分界》。但《拉奥孔》却是主要地分析着希腊晚期一座雕像群，拿它代替了对画的分析，雕像同画同是空间里的造型艺术，本可相通。而莱辛所说的诗也是指的戏剧和史诗，这是我们要记住的。因为我们谈到诗往往是偏重抒情诗。固然这也是相通的，同是属于在时间里表现其境界与行动的文学。

拉奥孔（Laokoon）是希腊古代传说里特罗亚城一个祭师，他对他的人民警告了希腊军用木马偷运兵士进城的诡计，因而触怒了袒护希腊人的阿波罗神。当他在海滨祭祀时，他和他的两个儿子被两条从海边游来的大蛇捆绕着他们三人的身躯，拉奥孔被蛇咬着，环视两子正在垂死挣扎，他的精神和肉体都陷入莫大的悲愤痛苦之中。拉丁诗人维琪尔曾在史诗中咏述此景，说拉奥孔痛极狂吼，声震数里，但是发掘出来的希腊晚期雕像群著名的拉奥孔（现存罗马梵蒂冈博物院），却表现着拉奥孔的嘴仅微微启开呻吟着，并不是狂吼，全部雕像给人的印象是在极大的悲剧的苦痛里保持着镇定、静穆。德国的古代艺术史学者温克尔曼对这雕像群写了一段影响深远的描述，影响着歌德及德国许多古典作家和美学家，掀起了纷纷的讨论。现在我先将他这段描写介绍出来，然后再谈莱辛由此所发挥的画和诗的分界。

温克尔曼（Winckelmann，1717—1768）在他的早期著作《关于在绘画和雕刻艺术里模仿希腊作品的一些意见》里曾有下列一段论希腊雕刻的名句：

希腊杰作的一般主要的特征是一种高贵的单纯和一种静穆的伟大，既在姿态上，也在表情里。

就像海的深处永远停留在静寂里，不管它的表面多么狂涛汹涌，在希腊人的造像里那表情展示一个伟大的沉静的灵魂，尽管是处在一切激情里面。

在极端强烈的痛苦里，这种心灵描绘在拉奥孔的脸上，并且不单是在脸上。在一切肌肉和筋络所展现的痛苦，不用向脸上和其他部分去看，仅仅看到那因痛苦而向内里收缩着的下半身，我们几乎会在自己身上感觉着。然而这痛苦，我说，并不曾在脸上和姿态上用愤激表示出来。他没有像维琪尔在他拉奥孔（诗）里所歌咏的那样喊出可怕的悲吼，因嘴的孔穴不允许这样做（白华按：这里指雕像的脸上张开了大嘴，显示一个黑洞，很难看，破坏了美），这里只是一声畏怯的敛住气的叹息，像沙多勒所描写的。

身体的痛苦和心灵的伟大是经由形体全部结构用同等的强度分布着，并且平衡着。拉奥孔忍受着，像索福克勒斯（Sophocles）的菲诺克太特（Philoctet）：他的困苦感动到我们的深心里，但是我们愿望也能够像这个伟大人格那样忍耐困苦。一个这样伟大心灵的表情远远超越了美丽自然的构造物。艺术家必须先在自己内心里感觉到他要印入他的大理石里的那精神的强度。希腊具有集合艺术家与圣哲于一身的人物，并且不止一个梅特罗多。智慧伸手给艺术而将超俗的心灵吹进艺术的形象。

莱辛认为温克尔曼所指出的拉奥孔脸上并没有表示人所期待的那强烈苦痛的疯狂表情，是正确的。但是温克尔曼把理由放在希腊人的智慧克制着内心感情的过分表现上，这是他所不能同意的。

肉体遭受剧烈痛苦时大声喊叫以减轻痛苦，是合乎人情的，也是很自然的现象。希腊人的史诗里毫不讳言神们的这种人情味。维纳斯（美丽的爱神）玉体被刺痛时，不禁狂叫，没有时间照顾到脸相的难看了。荷马史诗里战士受伤倒地时常常大声叫痛。照他们的事业和行动来看，他们是超凡的英雄；照他们的感觉情绪来看，他们仍是真实的人。所以拉奥孔在希腊雕像上那样微呻不是由于希腊人的品德如此，而应当到各种艺术的材料的不同、表现可能性的不同和它们的限制里去找它的理由。莱辛在他的《拉奥孔》里说：

> 有一些激情和某种程度的激情，它们经由极丑的变形表现出来，以至于将整个身体陷入那样勉强的姿态里，使他的在静息状态里具有的一切美丽线条都丧失掉了。因此古代艺术家完全避免这个，或是把它的程度降低下来，使它能够保

持某种程度的美。

把这思想运用到拉奥孔上，我所追寻的原因就显露出来了。那位巨匠是在所假定的肉体的巨大痛苦情况下企图实现最高的美。在那丑化着一切的强烈情感里，这痛苦是不能和美相结合的。巨匠必须把痛苦降低些；他必须把狂吼软化为叹息；并不是因为狂吼暗示着一个不高贵的灵魂，而是因为它把脸相在一难堪的样式里丑化了。人们只要设想拉奥孔的嘴大大张开着而评判一下。人们让他狂吼着再看看……

莱辛的意思是：并不是道德上的考虑使拉奥孔雕像不像在史诗里那样痛极大吼，而是雕刻的物质的表现条件在直接观照里显得不美（在史诗里无此情况），因而雕刻家（画家也一样）须将表现的内容改动一下，以配合造型艺术由于物质表现方式所规定的条件。这是各种艺术的特殊的内在规律，艺术家若不注意它，遵守它，就不能实现美，而美是艺术的特殊目的。若放弃了美，艺术可以供给知识，宣扬道德，服务于实际的某一目的，但不是艺术了。艺术须能表现人生的有价值的内容，这是无疑的。但艺术作为艺术而不是文化的其他部门，它就必须同时表现美，把生活内容提高、集中、精粹化，这是它的任务。根据这个任务各种艺术因物质条件不同就具有了各种不同的内在规律。拉奥孔在史诗里可以痛极大吼，声闻数里，而在雕像里却变成小口微呻了。

莱辛这个创造性的分析启发了以后艺术研究的深入，奠定了艺术科学的方向，虽然他自己的研究仍是有局限性的。造型艺术和文学的界限并不如他所说的那样窄狭、严格，艺术天才往往突破规律而有所成就，开辟新领域、新境界。罗丹就曾创造了疯狂大吼、躯体扭曲，失了一切美的线纹的人物，而仍不失为艺术杰作，创造了一种新的美。但莱辛提出问题是好的，是需要进一步作科学的探讨的，这是构成美学的一个重要部分。所以近代美学家颇有用《新拉奥孔》标名他的著作的。

我现在翻译他的《拉奥孔》里一段具有代表性的文字，论诗里和造型艺术里的身体美，这段文字可以献给朋友在美学散步中做思考资料。莱辛说：

身体美是产生于一眼能够全面看到的各部分协调的结果。因此要求这些部分相互并列着，而这各部分相互并列着的事物正是绘画的对象。所以绘画能够、也只有它能够摹绘身体的美。

诗人只能将美的各要素相继地指说出来，所以他完全避免对身体的美作为美来描绘。他感觉到把这些要素相继地列数出来，不可能获得像它并列时那种效果，我们若想根据这相继地一一指说出来的要素而向它们立刻凝视，是不能给予我们一个统一的协调的图画的。要想构想这张嘴和这个鼻子和这双眼睛集在一起时会有怎样一个效果是超越了人的想象力的，除非人们能从自然里或艺术里回忆到这些部分组成的一个类似的结构（按：读"巧笑倩兮"……时不用做此笨事，不用设想是中国或西方美人而情态如见，诗意具足，画意也具足）。

在这里，荷马常常是模范中的模范。他只说，尼惹斯是美的，阿奚里更美，海伦具有神仙似的美。但他从不陷落到这些美的周密的啰嗦的描述。他的全诗可以说是建筑在海伦的美上面的，一个近代的诗人将要怎样冗长地来叙说这美呀！

但是如果人们从诗里面把一切身体美的画面去掉，诗不会损失过多少？谁要把这个从诗里去掉？当人们不愿意它追随一个姊妹艺术的脚步来达到这些画面时，难道就关闭了一切别的道路了吗？正是这位荷马，他这样故意避免一切片断地描绘身体美的，以至于我们在翻阅时很不容易地有一次获悉海伦具有雪白的臂膀和金色的头发，正是这位诗人他仍然懂得使我们对她的美获得一个概念，而这一美的概念是远远超过了艺术在这企图中所能达到的。人们试回忆诗中那一段，当海伦到特罗亚人民的长老集会面前，那些尊贵的长老们瞥见她时，一个对一个耳边说：

"怪不得特罗亚人和胫甲坚固的阿开奥斯人，为了这个女人这么久忍受着苦难呢，看来她活像一个青春常驻的女神。"

还有什么能给我们一个比这更生动的美的概念，当这些冷静的长老们也承认她的美是值得这一场流了这许多血，洒了那么多泪的战争的呢？

凡是荷马不能按照着各部分来描绘的，他让我们在它的影响里来认识。诗人呀，画出那"美"所激起的满意、倾倒、爱、喜悦，你就把美自身画出来了。谁能构想莎茀所爱的那个对方是丑陋的，当莎菲承认她瞥见他时丧魂失魄。谁不相信是看到了美的完满的形体，当他对于这个形体所激起的情感产生了同情。

文学追赶艺术描绘身体美的另一条路，就是这样：它把"美"转化做魅惑力。魅惑力就是美在"流动"之中。因此它对于画家不像对于诗人那么便当。画家只能叫人猜到"动"，事实上他的形象是不动的。因此在它那里魅惑力会变成了做鬼脸。但是在文学里魅惑力是魅惑力，它是流动的美，它来来去去，我们盼望能再度地看到它。又因为我们一般地能够较为容易地生动地回忆"动作"，超过单纯的形式或色彩，所以魅惑力较之"美"在同等的比例中对我们的作用要更强烈些。

甚至于安拉克耐翁（按：希腊抒情诗人），宁愿无礼貌地请画家无所作为，假使他不拿魅惑力来赋予他的女郎的画像，使她生动。"在她的香腮上一个酒窝，绕着她的玉颈一切的爱娇游荡着。"他命令艺术家让无限的爱娇环绕着她的温柔的腮，云石般的颈项！照这话的严格的字义，这怎样办呢？这是绘画所不能做到的。画家能够给予腮巴最艳丽的肉色；但此外他就不能再有所作为了。这美丽颈项的转折，肌肉的波动，那俊俏酒窝因之时隐时现，这类真正的魅惑力是超出了画家能力的范围了。诗人（按：指安拉克耐翁）是说出了他的艺术是怎样才能够把"美"对我们来形象化感性化的最高点，以便让画家能在他的艺术里寻找这个最高的表现。

这是对我以前所阐述的话一个新的例证，这就是说，诗人即使在谈论到艺术作品时，仍然是不受束缚于把他的描写保守在艺术的限制以内的（按：这话是指诗人要求画家能打破画的艺术的限制，表现出诗的境界来。但照莱辛的看法，这界限仍是存在的）。

莱辛对诗（文学）和画（造型艺术）的深入的分析，指出它们的各自的局限性，各自的特殊的表现规律，开创了对于艺术形式的研究。

诗中有画，而不全是画，画中有诗，而不全是诗。诗画各有表现的可能性范围，一般地说来，这是正确的。

但中国古代抒情诗里有不少是纯粹的写景，描绘一个客观境界，不写出主体的行动，甚至于不直接说出主观的情感，像王国维在《人间词话》里所说的"无我之境"，但却充满了诗的气氛和情调。我随便拈一个例证并稍加分析。

唐朝诗人王昌龄一首题为《初日》的诗云：

初日净金闺，
先照床前暖；
斜光入罗幕，
稍稍亲丝管；
云发不能梳，
杨花更吹满。

　　这诗里的境界很像一幅近代印象派大师的画，画里现出一座晨光射入的香闺，日光在这幅画里是活跃的主角，它从窗门跳进来，跑到闺女的床前，散发着一股温暖，接着穿进了罗帐，轻轻抚摩一下榻上的乐器——闺女所吹弄的琴瑟箫笙——枕上的如云的美发还散开着，杨花随着晨风春日偷进了闺房，亲昵地躲在那枕边的美发上。诗里并没有直接描绘这金闺少女（除非云发二字暗示着），然而一切的美是归于这看不见的少女的。这是多么艳丽的一幅油画呀？

　　王昌龄这首诗，使我想起德国近代大画家门采尔的一幅油画（门采尔的素描一九五六年曾在北京展览过），那画上也是灿烂的晨光从窗门撞进了一间卧室，乳白的光辉浸漫在长垂的纱幕上，随着落上地板，又返跳进入穿衣镜，又从镜里跳出来，抚摸着椅背，我们感到晨风清凉，朝日温煦。室里的主人是在画面上看不见的，她可能是在屋角的床上坐着。（这晨风沁人，怎能还睡？）

　　　　太阳的光
　　　　洗着她早起的灵魂，
　　　　天边的月
　　　　犹似她昨夜的残梦。

　　门采尔这幅画全是诗，也全是画；王昌龄那首诗全是画，也全是诗。诗和画里都是演着光的独幕剧，歌唱着光的抒情曲。这诗和画的统一不是和莱辛所辛苦分析的诗画分界相抵触吗？

我觉得不是抵触而是补充了它，扩张了它们相互的蕴涵。画里本可以有诗，但是若把画里每一根线条，每一块色彩，每一条光，每一个形都饱吸着浓情蜜意，它就成为画家的抒情作品，像伦勃朗的油画，中国元人的山水。

诗也可以完全写景，写"无我之境"。而每句每字却反映出自己对物的抚摩，和物的对话，表出对物的热爱，像王昌龄的《初日》那样，那纯粹的景就成了纯粹的情，就是诗。

但画和诗仍是有区别的。诗里所咏的光的先后活跃，不能在画面上同时表现出来，画家只能捉住意义最丰满的一刹那，暗示那活动的前因后果，在画面的空间里引进时间感觉。而诗像《初日》里虽然境界华美，却赶不上门采尔油画上那样光彩耀目，直射眼帘。然而由于诗叙写了光的活跃的先后曲折的历程，更能丰富着和加深着情绪的感受。

诗和画各有它的具体的物质条件，局限着它的表现力和表现范围，不能相代，也不必相代。但各自又可以把对方尽量吸进自己的艺术形式里来。诗和画的圆满结合（诗不压倒画，画也不压倒诗，而是相互交流交浸），就是情和景的圆满结合，也就是所谓"艺术意境"。我在十几年前曾写了一篇《中国艺术意境之诞生》，对中国诗和画的意境做了初步的探索，可以供散步的朋友们参考（假使能再印出来的话），现在不再细说了。

原载《新建设》1957 年第 7 期

中国文化的美丽精神往哪里去？

　　印度诗哲泰戈尔在国际大学中国学院的小册里曾说过这几句话："世界上还有什么事情比中国文化的美丽精神更值得宝贵的？中国文化使人民喜爱现实世界，爱护备至，却又不致陷于现实得不近情理！他们已本能地找到了事物的旋律的秘密。不是科学权力的秘密，而是表现方法的秘密。这是极其伟大的一种天赋。因为只有上帝知道这种秘密。我实妒忌他们有此天赋，并愿我们的同胞亦能共享此秘密。"

　　泰戈尔这几句话里包含着极精深的观察与意见，值得我们细加考察。

　　先谈"中国人本能地找到了事物的旋律的秘密"。东西古代哲人都曾仰观俯察探求宇宙的秘密。但希腊及西洋近代哲人倾向于拿逻辑的推理、数学的演绎、物理学的考察去把握宇宙间质力推移的规律，一方面满足我们理知了解的需要，一方面导引西洋人，去控制物力，发明机械，利用厚生。西洋思想最后所获着的是科学权力的秘密。

中国古代哲人却是拿"默而识之"的观照态度去体验宇宙间生生不已的节奏，泰戈尔所谓旋律的秘密。《论语》上载：

> 子曰："予欲无言！"子贡曰："夫子不言，则小子何述焉？"子曰："天何言哉。四时行焉，百物生焉，天何言哉！"

四时的运行，生育万物，对我们展示着天地创造性的旋律的秘密。一切在此中生长流动，具有节奏与和谐。古人拿音乐里的五声配合四时五行，拿十二律分配于十二月（《汉书·律历志》），使我们一岁中的生活融化在音乐的节奏中，从容不迫而感到内部有意义有价值，充实而美。不像现在大都市的居民灵魂里，孤独空虚。英国诗人艾利略有"荒原"的慨叹。

不但孔子，老子也从他高超严冷的眼里观照着世界的旋律。他说："致虚极，守静笃，万物并作，吾以观其复！"

活泼的庄子也说他"静而与阴同德，动而与阳同波"，他把他的精神生命体合于自然的旋律。

孟子说他能"上下与天地同流"。荀子歌颂着天地的节奏：

> 列星随旋，日月递照，四时代御，阴阳大化，风雨博施，

万物各得其和以生，各得其养以成。

我们不必多引了，我们已见到了中国古代哲人是"本能地找到了宇宙旋律的秘密"。而把这获得的至宝，渗透进我们的现实生活，使我们的生活表现在礼与乐里，创造社会的秩序与和谐。我们又把这旋律装饰到我们的日用器皿上，使形下之器启示着形上之道（即生命的旋律）。中国古代艺术特色表现在他所创造的各种图案花纹里，而中国最光荣的绘画艺术也还是从商周铜器图案、汉代砖瓦花纹里脱胎出来的呢！

"中国人喜爱现实世界，爱护备至，却又不致现实得不近情理。"我们在新石器时代从我们的日用器皿制出玉器，作为我们政治上、社会上及精神人格上美丽的象征物。我们在铜器时代也把我们的日用器皿，如烹饪的鼎、饮酒的爵等等，制造精美，竭尽当时的艺术技能，它们成了天地境界的象征。我们对最现实的器具，赋予崇高的意义，优美的形式，使它们不仅仅是我们役使的工具，而是可以同我们对语、同我们情思往还的艺术境界。后来我们发展了瓷器（西人称我们是瓷国）。瓷器就是玉的精神的承续与光大，使我们在日常现实生活中能充满着玉的美。

但我们也曾得到过科学权力的秘密。我们有两大发明：火药同指南针。这两项发明到了西洋人手里，成就了他们控制世界的权力，陆上霸权与海上霸权，中国自己倒成了这霸权的牺牲品。我们发明着火药，用来创造奇巧美丽的烟火和鞭炮，使我一般民众在一年劳苦休息的时候，新年及春节里，享受平民式的欢乐。

我们发明指南针，并不曾向海上取霸权，却让风水先生勘定我们庙堂、居宅及坟墓的地位和方向，使我们生活中顶重要的"住"，能够选择优美适当的自然环境，"居之安而资之深"。我们到郊外，看那山环水抱的亭台楼阁，如入图画。中国建筑能与自然背景取得最完美的调协，而且用高耸天际的层楼飞檐及环拱柱廊、栏杆台阶的虚实节奏，昭示出这一片山水里潜流的旋律。

漆器也是我们极早的发明，使我们的日用器皿生光辉，有情韵。最近沈福文君引用古代各时期图案花纹到他设计的漆器里，使我们再能有美丽的器皿点缀我们的生活，这是值得兴奋的事。但是要能有大量的价廉的生产，使一般人民都能在日常生活中时时接触趣味高超、形制优美的物质环境，这才是一个民族的文化水平的尺度。

中国民族很早发现了宇宙旋律及生命节奏的秘密，以和平的音乐的心境爱护现实，美化现实，因而轻视了科学工艺征服自然的权力。这使我们不能解救贫弱的地位，在生存竞争剧烈的时代，受人侵略，受人欺侮，文化的美丽精神也不能长保了，灵魂里粗野了，卑鄙了，怯懦了，我们也现实得不近情理了。我们丧尽了生活里旋律的美（盲动而无秩序）、音乐的境界（人与人之间充满了猜忌、斗争）。一个最尊重乐教、最了解音乐价值的民族没有了音乐。这就是说没有了国魂，没有了构成生命意义、文化意义的高等价值。中国精神应该往哪里去？

近代西洋人把握科学权力的秘密（最近如原子能的秘密），征服了自然，征服了科学落后的民族，但不肯体会人类全体共同生活的旋律美，不肯"参天地，赞化育"，提携全世界的生命，演奏壮丽的交响乐，感谢造化宣示给我们的创化机密，而以厮杀之声暴露人性的丑恶，西洋精神又要往哪里去？哪里去？这都是引起我们惆怅、深思的问题。

1946 年，南京，《艺境》末刊本

我和艺术

我与艺术相交忘情，艺术与我忘情相交，凡八十又六年矣。然而说起欣赏之经验，却甚寥寥。

在我看来，美学就是一种欣赏。美学，一方面讲创造，一方面讲欣赏。创造和欣赏是相通的。创造是为了给别人欣赏，起码是为了自己欣赏。欣赏也是一种创造，没有创造，就无法欣赏。六十年前，我在《看了罗丹雕刻以后》里说过，创造者应当是真理的搜寻者，美乡的醉梦者，精神和肉体的劳动者。欣赏者又何尝不当如此？

中国有句古话，叫做"万物静观皆自得"。静故了群动，空故纳万境。艺术欣赏也需澡雪精神，进入境界。庄子最早提倡虚静，颇懂个中三昧，他是中国有代表性的哲学家中的艺术家。老子、孔子、墨子他们就做不到。庄子的影响大极了。中国古代艺术繁荣的时代，庄子思想就突出，就活跃，魏晋时期就是一例。

晋人王戎云："情之所钟，正在我辈。"创造需炽爱，欣赏亦需钟情。记得三十年代初，我在南京偶然购得隋唐佛头一尊，重数十斤，把玩终日，因有"佛头宗"之戏。是时悲鸿等好友亦交口称赞，爱抚不已。不久，南京沦陷，我所有书画、古玩荡然无存，唯此佛头深埋地底，得以幸存。今仍置于案头，满室生辉。这些年，年事渐高，兴致却未有稍减。一俟城内有精彩之艺展，必拄杖挤车，一睹为快。今虽老态龙钟，步履维艰，犹不忍释卷，冀卧以游之！

艺术趣味的培养，有赖于传统文化艺术的滋养。只有到了徽州，登临黄山，方可领悟中国之诗、山水、艺术的韵味和意境。我对艺术一往情深，当归功于孩童时所受的熏陶。我在《我和诗》一文中追溯过，我幼时对山水风景古刹有着发乎自然的酷爱。天空的游云和复成桥畔的垂柳，是我孩心最亲密的伴侣。风烟清寂的郊外，清凉山、扫叶楼、雨花台、莫愁湖是我同几个小伴每星期日步行游玩的目标。十七岁一场大病之后，我扶着弱体到青岛去求学，那象征着世界和生命的大海，哺育了我生命里最富于诗境的一段时光……

艺术的天地是广漠阔大的，欣赏的目光不可拘于一隅。但作为中国的欣赏者，不能没有民族文化的根基。外头的东西再好，对我们来说，总有点隔膜。我在欧洲求学时，曾把达·芬奇和罗丹等的艺术当作最崇拜的诗。可后来还是更喜欢把玩我们民族艺术的珍品。中国艺术无疑是一个宝库！

多年以来，对欣赏一事，论者不多。《指要》一书，可谓难得。书中所论，亦多灼见。受编者深嘱，成此文字，是为序。

一九八三年九月十日于北京大学未名湖畔

艺术与中国社会[①]

依于仁，游于艺

——孔子

孔子说"兴于诗，立于礼，成于乐"，这三句话挺简括地说出孔子的文化理想、社会政策和教育程序。王弼解释得好："言为政之次序也：夫喜惧哀乐，民之自然，感应而动，而发乎诗歌。所以陈诗采谣，以知民志风。既见其风，则损益基焉。故因俗立志，以达其礼也。矫俗检刑，民心未化，故感以乐声，以和其神也。"中国古代的社会文化与教育是拿诗书礼乐做根基。《礼记·王制》："乐正崇四术，立四教……春秋教以礼乐，冬夏教以诗

---

① 原载南京《学识》杂志，第 1 卷第 12 期，1947 年 10 月出版。

书。"教育的主要工具，门径和方法是艺术文学。艺术的作用是能以感情动人，潜移默化培养社会民众的性格品德于不知不觉之中，深刻而普遍。尤以诗和乐能直接打动人心，陶冶人的性灵人格。而"礼"却在群体生活的和谐与节律中，养成文质彬彬的动作、整齐的步调、集中的意志。中国人在天地的动静、四时的节律、昼夜的来复、生长老死的绵延，感到宇宙是生生而具条理的。这"生生而条理"就是天地运行的大道，就是一切现象的体和用。孔子在川上曰："逝者如斯夫，不舍昼夜！"最能表出中国人这种"观吾生，观其生"（易观卜辞）的风度和境界。这种最高度的把握生命，和最深度的体验生命的精神境界，具体地贯注到社会实际生活里，使生活端庄流丽，成就了诗书礼乐的文化。但这境界，这"形而上的道"，也同时要能贯彻到形而下的器。器是人类生活的日用工具。人类能仰观俯察，构成宇宙观，会通形象物理，才能创作器皿，以为人生之用。器是离不开人生的，而人也成了离不开器皿工具的生物。而人类社会生活的高峰，礼和乐的生活，乃寄托和表现于礼器乐器。

礼和乐是中国社会的两大柱石。"礼"构成社会生活里的秩序条理。礼好像画上的线文钩出事物的形象轮廓，使万象昭然有序。孔子曰："绘事后素。""乐"滋润着群体内心的和谐与团结力。然而礼乐的最后根据，在于形而上的天地境界。《礼记》上说：

礼者，天地之序也；乐者，天地之和也。

人生里面的礼乐负荷着形而上的光辉，使现实的人生启示着深一层的意义和美。礼乐使生活上最实用的、最物质的衣食住行及日用品，升华进端庄流丽的艺术领域。三代的各种玉器，是从石器时代的石斧石磬等，升华到圭璧等的礼器乐器。三代的铜器，也是从铜器时代的烹调器及饮器等，升华到国家的至宝。而它们艺术上的形体之美、式样之美、花纹之美、色泽之美、铭文之美，集合了画家书家雕塑家的设计与模型，由冶铸家的技巧，而终于在圆满的器形上，表出民族的宇宙意识（天地境界）、生命情调，以至政治的权威，社会的亲和力。在中国文化里，从最低层的物质器皿，穿过礼乐生活，直达天地境界，是一片浑然无间、灵肉不二的大和谐，大节奏。

因为中国人由农业进于文化，对于大自然是"不隔"的，是父子亲和的关系，没有奴役自然的态度。中国人对他的用具（石器铜器），不只是用来控制自然，以图生存，他更希望能在每件用品里面，表出对自然的敬爱，把大自然里启示着的和谐、秩序，它内部的音乐、诗，表现在具体而微的器皿中。一个鼎要能表象天地人。《诗绎》里说：

诗者，天地之心。

《乐记》里说：

大乐与天地同和……。①

《孟子》曰：

君子……上下与天地同流。②

中国人的个人人格、社会组织以及日用器皿，都希望能在美的形式中，作为形而上的宇宙秩序，与宇宙生命的表征。这是中国人的文化意识，也是中国艺术境界的最后根据。

孔子是替中国社会奠定了"礼"的生活的。礼器里的三代彝鼎，是中国古典文学与艺术的观摩对象。铜器的端庄流丽，是中国建筑风格，汉赋唐律，四六文体，以至于八股文的理想典范。它们都倾向于对称、比例、整齐、谐和之美。然而，玉质的坚贞而温润，它们的色泽的空灵幻美，却领导着中国的玄思，趋向精神人格之美的表现。它的影响，显示于中国伟大的文人画里。文人画的最高境界，是玉的境界。倪云林画可以代表。不但古之君子比德于玉，中国的画、瓷器、书法、诗、七弦琴，都以精光内敛，温润如玉的美为意象。

然而，孔子更进一步求"礼之本"。礼之本在仁，在于音乐的精神。理想的人格，应该是一个"音乐的灵魂"。刘向《说苑》

---

① 《乐记·乐论》："大乐与天地同和，大礼与天地同节。"
② 《孟子·尽心上》："夫君子所过者化，所存者神，上下与天地同流，岂曰小补之哉？"

里有这么一段记载：

> 孔子至齐郭门外，遇婴儿，其视精，其心正，其行端。
> 孔子曰："趣驱之，趣驱之，韶乐将作!"

他在一个婴儿的灵魂里，听到他素所倾慕的韶乐将作。（"子在齐闻韶，三月不知肉味。"）《说苑》上这段记载，虽未必可靠，却极有意义。可以想见孔子酷爱音乐的事迹已经谣传成为神话了。

社会生活的真精神在于亲爱精诚的团结，最能发扬和激励团结精神的是音乐！音乐使我们步调整齐，意志集中，团结的行动有力而美。中国人感到宇宙全体是大生命的流行，其本身就是节奏与和谐。人类社会生活里的礼和乐，反射着天地的节奏与和谐。一切艺术境界都根基于此。

但西洋文艺自希腊以来所富有的"悲剧精神"，在中国艺术里，却得不到充分的发挥，且往往被拒绝和闪躲。人性由剧烈的内心矛盾才能掘发出的深度，往往被浓挚的和谐愿望所淹没。固然，中国人心灵里并不缺乏他雍穆和平大海似的幽深，然而，由心灵的冒险，不怕悲剧，以窥探宇宙人生的危岩雪岭，发而为莎士比亚的悲剧、贝多芬的乐曲，这却是西洋人生波澜壮阔的造诣！

略谈艺术的"价值结构"

近代美学的开始，是笼罩在实验心理学的方法与观点方面，成为心理学的局部。美感过程的描述，艺术创造与艺术欣赏之心理分析，成为美学的中心事务。而艺术品本身的价值的评判，艺术意义的探讨与阐发，艺术理想的设立，艺术对于人生与文化的地位与影响，这些问题，向来是哲学家及艺术批评家所注意的。现在仍是交给哲学家及艺术批评家去发表意见。

但这一些问题，可以集中于一个主体问题，这就是"艺术"这个"价值结构"的分析与研究。艺术是人类文化创造生活之一部，是与学术、道德、工艺、政治，同为实现一种"人生价值"与"文化价值"。普通人说艺术之价值在"美"，就同学术、道德之价值在"真"与"善"一样。然而，自然界现象也表现美，人格个性也表现美。艺术固然美，却不止于美。且有时正在所谓"丑"中表现深厚的意趣，在哀感沉痛中表现缠绵的顽艳。艺术不只是具有美的价值，且富有对人生的意义、深入心灵的影响。艺术至少是三种主要"价值"的结合体：

（一）形式的价值，就主观的感受言，即"美的价值"。

（二）抽象的价值，就客观言，为"真的价值"，就主观感受言，为"生命的价值"（生命意趣之丰富与扩大）。

（三）启示的价值，启示宇宙人生之最深的意义与境界，就主观感受言，为"心灵的价值"，心灵深度的感动，有异于生命的刺激。

"形""景""情"是艺术的三层结构，现在略略谈述如下：

形式的价值。关于艺术中所谓"形式"之意义与价值，我最近在另一篇文章里（《论中西画法之渊源与基础》，载中央大学《文艺丛刊》第二期，将近出版），曾有以下的说明，兹引述于此，不再费词：

美术中所谓形式，如数量的比例、形线的排列（建筑）、色彩的和谐（绘画）、音律的节奏，都是抽象的点、线、面、体或声音的交织结构。为了集中地提高地和深入地反映现实的形象及心情诸感，使人在摇曳荡漾的律动与谐和中窥见真理，引人发无穷的意趣，绵渺的思想。

但形式的作用，尚不止于此，可以别为三项：

（一）美的形式的组织，使一片自然或人生的景象，自成一独立的有机体，自构一世界，从吾人实际生活之种种实用关系中，超脱自在："间隔化"是"形式"的重要的消极的功用。

美的对象之第一步，需要间隔。图画的框，雕像的石座，堂宇的栏杆台阶，剧台的帘幕（新式的配光法及观众坐黑暗中），从窗眼窥青山一角，登高俯瞰黑夜幕罩的灯火街市。这些幻美的境界，都是由各种间隔作用造成。

（二）美的形式之积极作用是组织、集合、配置。一言蔽之，是构图。使片景孤境自织成一内在自足的境界，无求于外而自成一意义丰满的小宇宙，启示着宇宙人生的更深一层的真实。要能不待框廓，已能遗世独立，一顾倾城。

希腊大建筑家，以极简单朴质的形体线条，构造雅典庙堂，使人千载之下瞻赏之，尤有无穷高远圣美的意境，令人不能忘怀。

（三）形式之最后与最深的作用，就是它不只是化实相为空灵，引人精神飞越，超入美境。而尤在它能进一步引人"由美入真"，探入生命节奏的核心。世界上唯有最抽象的艺术形式……如建筑、音乐、舞蹈姿态、中国书法、中国戏面谱、钟鼎彝器的形态与花纹……乃最能象征人类不可言状的心灵姿式与生命的律动。

每一个伟大的时代，伟大的文化，都欲在实用生活之余裕，或在宗教典礼、庙堂祭祀时，以庄严的建筑、崇高的音乐、闳丽的舞蹈，表达这生命的高潮，一代精神之最高节奏。建筑形体的抽象结构，音乐的节奏与和谐，舞蹈的线纹姿式，最能表现吾人深心的情调与律动。吾人借此返于"失去了的和谐，埋没了的节奏"，重新获得生命的核心，乃得真自由，真解脱，真生命。

"形式"为美术之所以成为美术的基本条件,独立于科学、哲学、道德、宗教等文化事业之外,自成一文化的结构,生命的表现:它不只是实现了"美"的价值,且深深地表达了生命的情调与意味。

然人生仪态万方,宇宙也奇丽诡秘,生命的境界无穷尽,形象的姿势也无穷尽,于是,描摹物象以达造化之情,也是艺术的主要事业。兹一谈艺术中抽象的价值:文学、绘画、雕刻,都是描写人物情态形象,以寄托遥深的意境。希腊的雕刻,保存着希腊的人生姿态,莎士比亚的剧本,表现着文艺复兴时的人心悲剧。艺术的描摹,不是机械的摄影,乃系以象征方式,提示人生情景的普遍性。"一朵花中窥见天国,一粒沙中表象世界"。艺术家描写人生万物,都是这种象征式的。我们在艺术的抽象中,可以体验着"人生的意义"。"人心的定律","自然物象最后最深的结构",就同科学家发现物理的构造与力的定理一样。艺术的里面,不只是"美",且饱含着"真"。

这种"真"的呈露,使我们鉴赏者,周历多层的人生境界,扩大心襟,以致与人类的心灵,为一体,没有一丝的人生意味,不反射在自己的心里。在此,已经融到艺术的启示的价值:清代大画家恽南田,曾对于一幅画景,有如是的描写:

> 谛视斯境,一草一树、一丘一壑,皆洁庵灵想所独辟,总非人间所有。其意象在六合之表,荣落在四时之外。

这几句话，真说尽艺术所启示的最深境界。艺术的境相本是幻的，所谓"灵想所独辟，总非人间所有"。但它同时都启示了高一级的真实，所谓"意象在六合之表"。古人说："超以象外，得其环中。"借幻境以表现最深的真境，由幻以入真，这种"真"，不是普通的语言文字，也不是科学公式所能表达的真，这只是艺术的"象征力"所能启示的真实。

真实是超时间的，所以，"荣落在四时之外"。艺术同哲学、科学、宗教一样，也启示着宇宙人生最深的真实，但却是借助于幻相的象征力，以诉之于人类的直观心灵与情绪意境，而"美"是它的附带的"赠品"。

原载《创作与批评》第 1 卷第 2 期，1934 年 7 月

艺术生活①

——艺术生活与同情

你想要了解"光"么？

你可曾同那疏林透射的斜阳共舞？

你可曾同那黄昏初现的冷月齐颤？

你可曾同那蓝天闪闪的星光合奏？

你想了解"春"么？

你的心琴可有那蝴蝶翅的翩翩情致？

你的歌曲可有那黄莺儿的千啭不穷？

你的呼吸可有那玫瑰粉的一缕温馨？

① 原刊《少年中国》第 2 卷第 7 期。1921 年 1 月 15 日出版。

　　诸君！艺术的生活就是同情的生活呀！无限的同情对于自然，无限的同情对于人生，无限的同情对于星天云月，鸟语泉鸣，无限的同情对于死生离合，喜笑悲啼。这就是艺术感觉的发生，这也是艺术创造的目的！

　　诸君！我们这个世界，本是一个物质的世界，本是一个冷酷的世界。你看，大宇长宙的中间何等黑暗呀！何等森寒呀！但是，它能进化、能活动、能创造，这是什么缘故呢？因为它有"光"，因为它有"热"！

　　诸君！我们这个人生，本是一个机械的人生，本是一个自利的人生。你看，社会民族中间何等黑暗呀！何等森寒呀！但是，它也能进化、能活动、能创造，这是什么缘故呢？因为它有"情"，因为它有"同情"！

　　同情是社会结合的原始，同情是社会进化的轨道，同情是小己解放的第一步，同情是社会协作的原动力。我们为人生向上发展计，为社会幸福进化计，不可不谋人类"同情心"的涵养与发展。哲学家和科学家，兢兢然求人类思想见解的一致，宗教家与伦理学家，兢兢然求人类意志行为的一致，而真能结合人类情绪感觉的一致者，厥唯艺术而已。一曲悲歌，千人泣下；一幅画境，行者驻足，世界上能融化人感觉情绪于一炉者，能有过于美术的么？美感的动机，起于同感。我们读一首诗，如不能设身处地，直感那诗中的境界，则不能了解那首诗的美。我们看一幅画，如不能神游其中，如历其境，则不能了解这幅画的美。我们在朝阳中看见了一枝带露的花，感觉着它生命的新鲜，生意的无尽，自由发展，无所挂碍，便觉得有无穷的不可言说的美。

譬如两张琴，弹了一琴的一弦，别张琴上，同音的弦，方能共鸣。自然中间美的谐和，艺术中间美的音乐，也唯有同此弦音，方能合奏。所以，有无穷的美，深藏若虚，唯有心人，乃能得之。

但是，我们心琴上的弦音，本来色彩无穷，一个艺术家果能深透心理，扣着心弦，聊歌一曲，即得共鸣。所以艺术的作用，即是能使社会上大多数的心琴，同入于一曲音乐而已。

这话怎讲？我们知道，一个学术思想，还很不难得全社会的赞同。因为思想，可以根据事实，解决是非。我们又知道，一件事业举动，也还不难得全社会的同情。因为事业，可以根据利害，决定从违。这两种都有客观的标准，不难强令社会于一致。但是，说到情绪感觉上的事，却是极为主观，很难一致的了。我以为美的，你或者以为丑。你以为甘的，我或者以为苦。并且，各有其实际，决不能强以为同。所以，情绪感觉，不是争辩的问题，乃是直觉自决的问题。但是，一个社会中感情完全不一致，却又是社会的缺憾与危机。因为"同情"本是维系社会最重要的工具。同情消灭，则社会解体。

艺术的目的是融社会的感觉情绪于一致，譬如一段人生，一幅自然，各人遇之，因地位关系之差别，感觉情绪，毫不相同。但是，这一段人生，若是描写于小说之中，弹奏于音乐之里，这一幅自然，若是绘画于图册之上，歌咏于情词之中，则必引起全社会的注意与同感，而最能使全社会情感荡漾于一波之上者，尤莫如音乐。所以，中国古代圣哲极注重"乐教"。他们知道，唯有音乐，能调和社会的情感，坚固社会的组织。

不单是艺术的目的，是谋社会同情心的发展与巩固。本来，艺术的起源，就是由人类社会"同情心"的向外扩张到大宇宙自然里去。法国哲学家居友（Guyau）① 在他的名著《艺术为社会现象》中，论之甚详。我们人群社会中，所以能结合与维持者，是因为有一种社会的同情。我们根据这种同情，觉着全社会人类都是同等，都是一样的情感嗜好，爱恶悲乐。同我之所以为"我"，没有什么大分别。于是，人我之界不严，有时以他人之喜为喜，以他人之悲为悲。看见他人的痛苦，如同身受。这时候，小我的范围解放，入于社会大我之圈，和全人类的情绪感觉一致颤动，古来的宗教家如释迦、耶稣，一生都在这个境界中。

但是，我们这种对于人类社会的同情，还可以扩充张大到普遍的自然中去。因为自然中也有生命，有精神，有情绪感觉意志，和我们的心理一样。你看一个歌咏自然的诗人，走到自然中间，看见了一枝花，觉得花能解语，遇着了一只鸟，觉得鸟亦知情，听见了泉声，以为是情调，会着了一丛小草，一片蝴蝶，觉得也能互相了解，悄悄地诉说他们的情，他们的梦，他们的想望。无论山水云树，月色星光，都是我们有知觉、有感情的姊妹同胞。这时候，我们拿社会同情的眼光，运用到全宇宙里，觉得全宇宙

---

① 居友（Marie Jean Guyau，1854—1888）：法国哲学家、诗人。快乐论美学的主要代表。主要著作有《一个哲学家的诗》《当代美学问题》《艺术为社会现象》等。

就是一个大同情的社会组织，什么星呀，月呀，云呀，水呀，禽兽呀，草木呀，都是一个同情社会中间的眷属。这时候，不发生极高的美感么？这个大同情的自然，不就是一个纯洁的高尚的美术世界么？诗人、艺术家，在这个境界中，无有不发生艺术的冲动，或舞歌或绘画，或雕刻创造，皆由于对于自然，对于人生，起了极深厚的同情，深心中的冲动，想将这个宝爱的自然，宝爱的人生，由自己的能力再实现一遍。

艺术世界的中心是同情，同情的发生由于空想，同情的结局入于创造。于是，所谓艺术生活者，就是现实生活以外一个空想的同情的创造的生活而已。

看了罗丹雕刻以后

"……艺术是精神和物质的奋斗……艺术是精神的生命贯注到物质界中，使无生命的表现生命，无精神的表现精神。……艺术是自然的重现，是提高的自然。……"抱了这几种对于艺术的直觉见解走到欧洲，经过巴黎，徘徊于罗浮艺术之宫，摩挲于罗丹雕刻之院，然后我的思想大变了。否，不是变了，是深沉了。

我们知道我们一生生命的迷途中，往往会忽然遇着一刹那的电光，破开云雾，照瞩前途黑暗的道路。一照之后，我们才确定了方向，直往前趋，不复迟疑。纵使本来已经是走着了这条道路，但是今后才确有把握，更增了一番信仰。

我这次看见了罗丹的雕刻，就是看到了这一种光明。我自己自幼的人生观和自然观是相信创造的活力是我们生命的根源，也是自然的内在的真实。你看那自然何等调和，何等完满，何等神秘不可思议！你看那自然中何处不是生命，何处不是活动，何处不是优美光明！这大自然的全体不就是一个理性的数学、情绪的音乐、意志的波澜么？一言蔽之，我感知这宇宙的图画是个大优美精神的表现。但是年事长了，经验多了，同这个实际世界冲突久了，晓得这空间中有一种冷静的、无情的、对抗的物质，为我们自我表现、意志活动的阻碍，是不可动摇的事实。又晓得这人事中有许多悲惨的、冷酷的、愁闷的、龌龊的现状，也是不可动摇的事实。这个世界不是已经美满的世界，乃是向着美满方面战斗进化的世界。你试看那棵绿叶的小树，他从黑暗冷湿的土地里向着日光，向着空气，作无止境的战斗。终竟枝叶扶疏，摇荡于青天白云中，表现着不可言说的美。一切有机生命皆凭借物质扶摇而入于精神的美。大自然中有一种不可思议的活力，推动无生界以入于有机界，从有机界以至于最高的生命、理性、情绪、感觉。这个活力是一切生命的源泉，也是一切"美"的源泉。

自然无往而不美。何以故？以其处处表现这种不可思议的活力故。照相片无往而美。何以故？以其只摄取了自然的表面，而不能表现自然底面的精神故。（除非照相者以艺术的手段处理它）艺术家的图画、雕刻却又无往而不美，何以故？以其能从艺术家自心的精神，以表现自然的精神，使艺术的创作，如自然的创作故。

什么叫做美？……"自然"是美的，这是事实。诸君若不相信，只要走出诸君的书室，仰看那檐头金黄色的秋叶在光波中颤动；或是来到池边柳树下俯看那白云青天在水波中荡漾，包管你有一种说不出的快感。这种感觉就叫做"美"。我前几天在此地斯蒂丹博物院里徘徊了一天，看了许多荷兰画家的名画，以为最美的当莫过于大艺术家的图画、雕刻了，哪晓得今天早晨起来走到附近绿堡森林中去看日出，忽然觉得自然的美终不是一切艺术所能完全达到的。你看空中的光、色，那花草的动，云水的波澜，有什么艺术家能够完全表现得出？所以自然始终是一切美的源泉，是一切艺术的范本。艺术最后的目的，不外乎将这种瞬息变化，起灭无常的"自然美的印象"，借着图画、雕刻的作用，扣留下来使它普遍化、永久化。什么叫做普遍化、永久化？这就是说一幅自然美的好景往往在深山丛林中，不是人人能享受的；并且瞬息变动、起灭无常，不是人时时能享受的。（⋯⋯"夕阳无限好，只是近黄昏"⋯⋯）艺术的功用就是将它描摹下来，使人人可以普遍地、时时地享受。艺术的目的就在于此，而美的真泉仍在自然。

那么，一定有人要说我是艺术派中的什么"自然主义""印象主义"了。这一层我还有申说。普通所谓自然主义是刻划自然的表面，入于细微。那末能够细密而真切地摄取自然印象莫过于照片了。然而我们人人知道照片没有图画的美，照片没有艺术的价值。这是什么缘故呢？照片不是自然最真实的摄影么？若是艺术以纯粹描写自然为标准，总要让照片一筹，而照片又确是没有图画的美。难道艺术的目的不是在表现自然的真相么？这个问题很令人注意。我们再分析一下。

（一）向来的大艺术家如荷兰的伦勃朗、德国的丢勒、法国的罗丹都是承认自然是艺术的标准模范，艺术的目的是表现最真实的自然。他们的艺术创作依了这个理想都成了第一流的艺术品。

（二）照片所摄的自然之影比以上诸公的艺术杰作更加真切、更加细密，但是确没有"美"的价值，更不能与以上诸公的艺术品媲美。

（三）从这两条矛盾的前提得来结论如下：若不是诸大艺术家的艺术观念……以表现自然真相为艺术的最后目的……有根本错误之处，就是照片所摄取的并不是真实自然。而艺术家所表现的自然，方是真实的自然！

果然！诸大艺术家的艺术观念并不错误。照片所摄非自然之真。惟有艺术才能真实表现自然。

诸君听了此话，一定有点惊诧，怎么照片还不及图画的真实呢？

罗丹说："果然！照片说谎，而艺术真实。"这话含意深厚，非解释不可。请听我慢慢说来。

我们知道"自然"是无时无处不在"动"中的。物即是动，动即是物，不能分离。这种"动象"，积微成著，瞬息变化，不可捉摸。能捉摸者，已非是动；非是动者，即非自然。照片于物象转变之中，摄取一角，强动象以为静象，已非物之真相了。况且动者是生命之表示，精神的作用；描写动者，即是表现生命，描写精神。自然万象无不在"活动"中，即是无不在"精神"中，无不在"生命"中。艺术家要想借图画、雕刻等以表现自然之真，当然要能表现动象，才能表现精神、表现生命。这种"动象的表现"，是艺术最后目的，也就是艺术与照片根本不同之处了。

艺术能表现"动"，照片不能表现"动"。"动"是自然的"真相"，所以罗丹说："照片说谎，而艺术真实。"

但是艺术是否能表现"动"呢？艺术怎样能表现"动"呢？关于第一个问题要我们的直接经验来解决。我们拿一张照片和一张名画来比看。我们就觉得照片中风景虽逼真，但是木板板地没有生动之气，不同我们当时所直接看见的自然真境有生命，有活动；我们再看那张名画中景致，虽不能将自然中光气云色完全表现出来，但我们已经感觉它里面山水、人物栩栩如生，仿佛如入真境了。我们再拿一张照片摄的《行步的人》和罗丹雕刻的《行步的人》一比较，就觉得照片中人提起了一只脚，而凝住不动，好像麻木了一样；而罗丹的石刻确是在那里走动，仿佛要姗姗而去了。这种"动象的表现"要诸君亲来罗丹博物院里参观一下，就相信艺术能表现"动"，而照片不能。

那么艺术又怎样会能表现出"动象"呢？这个问题是艺术家的大秘密。我非艺术家，本无从回答；并且各个艺术家的秘密不同。我现在且把罗丹自己的话介绍出来：

罗丹说："你们问我的雕刻怎样会能表现这种'动象'？其实这个秘密很简单。我们要先确定'动'是从一个现状转变到第二个现状。画家与雕刻家之表现'动象'就在能表现出这个现状中间的过程。他要能在雕刻或图画中表示出那第一个现状，于不知不觉中转化入第二现状，使我们观者能在这作品中，同时看见第一现状过去的痕迹和第二现状初生的影子，然后'动象'就俨然在我们的眼前了。"

这是罗丹创造动象的秘密。罗丹认定"动"是宇宙的真相，惟有"动象"可以表示生命，表示精神，表示那自然背后所深藏的不可思议的东西。这是罗丹的世界观，这是罗丹的艺术观。

罗丹自己深入于自然的中心，直感着自然的生命呼吸、理想情绪，晓得自然中的万种形象，千变百化，无不是一个深沉浓挚的大精神……宇宙活力……所表现。这个自然的活力凭借着物质，表现出花，表现出光，表现出云树山水，以至于鸢飞鱼跃、美人英雄。所谓自然的内容，就是一种生命精神的物质表现而已。

艺术家要模仿自然，并不是真去刻划那自然的表面形式，乃是直接去体会自然的精神，感觉那自然凭借物质以表现万相的过程，然后以自己的精神、理想情绪、感觉意志，贯注到物质里面制作万形，使物质而精神化。

"自然"本是个大艺术家，艺术也是个"小自然"。艺术创造的过程，是物质的精神化；自然创造的过程，是精神的物质化；首尾不同，而其结局同为一极真、极美、极善的灵魂和肉体的协调，心物一致的艺术品。

罗丹深明此理，他的雕刻是从形象里面发展，表现出精神生命，不讲求外表形式的光滑美满。但他的雕刻中确没有一条曲线、一块平面而不有所表示生意跃动，神致活泼，如同自然之真。罗丹真可谓能使物质而精神化了。

罗丹的雕刻最喜欢表现人类的各种情感动作，因为情感动作是人性最真切的表示。罗丹和古希腊雕刻的区别也就在此。希腊雕刻注重形式的美，讲求表面的美，讲求表面的完满工整，这是理性的表现。罗丹的雕刻注重内容的表示，讲求精神的活泼跃动。所以希腊的雕刻可称为"自然的几何学"，罗丹的雕刻可称为"自然的心理学"。

自然无往而不美。普通人所谓丑的如老妪病骸，在艺术家眼中无不是美，因为也是自然的一种表现。果然！这种奇丑怪状只要一从艺术家手腕下经过，立刻就变成了极可爱的美术品了。艺术家是无往而非"美"的创造者，只要他能真把自然表现了。

所以罗丹的雕刻无所选择，有奇丑的嫫母，有愁惨的人生，有笑、有哭、有至高纯洁的理想、有人类根性中的兽欲。他眼中所看的无不是美，他雕刻出了，果然是美。

他说："艺术家只要写出他所看见的就是了，不必多求。"这话含有至理。我们要晓得艺术家眼光中所看见的世界和普通人的不同。他的眼光要深刻些、要精密些。他看见的不止是自然人生的表面，乃是自然人生的核心。他感觉自然和人生的现象是含有意义的，是有表示的。你看一个人的面目，他的表示何其多。他表示了年龄、经验、嗜好、品行、性质，以及当时的情感思想。一言蔽之，一个人的面目中，藏蕴着一个人过去的生命史和一个时代文化的潮流。这种人生界和自然界精神方面的表现，非艺术家深刻的眼光，不能看得十分真切。但艺术家不单是能看出人类和动物界处处有精神的表示。他看了一枝花、一块石、一湾泉水，都是在那里表现一段诗魂。能将这种灵肉一致的自然现象和人生现象描写出来，自然是生意跃动、神采奕奕、仿佛如"自然"之真了。

罗丹眼光精明，他看见这宇宙虽然物品繁富，仪态万千，但综而观之，是一幅意志的图画。他看见这人生虽然波澜起伏、曲折多端，但合而观之，是一曲情绪的音乐。情绪意志是自然之真，表现而为动。所以动者是精神的美，静者是物质的美。世上没有完全静的物质，所以罗丹写动不写静。

罗丹的雕刻不单是表现人类普遍精神（如喜、怒、哀、乐、爱、恶、欲），他同时注意时代精神。他晓得一个伟大的时代必须有伟大的艺术品，将时代精神表现出来遗传后世。他于是搜寻现代的时代精神究竟在哪里？他在这十九、二十世纪潮流复杂思想矛盾的时代中，搜寻出几种基本精神：（1）劳动。十九、二十世纪是劳动神圣时代。劳动是一切问题的中心。于是罗丹创造《劳动塔》（未成）。（2）精神劳动。十九、二十世纪科学工业发达，是精神劳动极昌盛时代，不可不特别表示，于是罗丹创造《思想的人》和《巴尔扎克夜起著文之像》。（3）恋爱。精神的与肉体的恋爱，是现时代人类主要的冲动。于是罗丹在许多雕刻中表现之（《接吻》）。

我对于罗丹观察要完了。罗丹一生工作不息，创作繁富。他是个真理的搜寻者，他是个美乡的醉梦者，他是个精神和肉体的劳动者。他生于一千八百四十年，死于近年。生时受人攻击非难，如一切伟大的天才那样。

原载《少年中国》第 2 卷第 9 期，

1920 年冬写于法兰克福

我所爱于莎士比亚的①

我所爱于莎士比亚的，是爱他那高额广颡下面那双大的晶莹的太阳一般的眼睛，静穆地照彻这世界的人心，像上帝看见这世界的白昼，也看见这世界的黑夜。他看见人心里面地狱一般的黑暗，残忍，凶狠，愤怒，妒嫉，利欲，权欲，种种狂风似的疯狂的兽性。但他也看见火宅里的莲花，污泥里的百合，天使一般可爱的"人性的神性"。他这太阳似的眼睛照见成千成百的个性的轮廓阴影，每一个个性雕塑圆满，圆满得像一个世界。他创造了无数的性格，每一个性格像一朵花，自己从地下生长出来，顺着性格所造的必然的命运，走进罪恶，走进苦恼，走进死亡。他冷

---

① 原刊于《时事新报·学灯》（渝版）第 5 期，1938 年 7 月 3 日，第 2版。

057

静得像一个上帝！

但是他那双晶莹的眼睛却又温煦得像月光一般，同情的抚摩按在每一个罪犯的苦痛的心灵上，让每一个地狱的冤魂都蒙到上帝的光辉（这就是诗人的伟大的心的光辉），使我们发生悲悯，发生同情。

莎士比亚的诗人天才是无可比拟的。歌德说过："我不能回忆曾有一本书，一个人或一桩生活事件对于我发生这样大的影响，像莎士比亚的戏剧。它们好像是一位天上神使的工作，他来亲近人类，使人类在最轻便的道路上认识他，那些剧本不是诗。我们是好像站立在展开了无穷尽的命运底大书面前，迅动的生命暴风使着大力翻动一页一页。"歌德又说："自然与诗在近代从没有这样密切地结合过，像在莎士比亚。"

莎士比亚的伟大在他那无可企信的丰富的创造力，以风起泉涌般的自然的力量，他创造了半千数的不同的生动的性格，有血有肉，形态万千。每一个人物永远年轻，永远生存在诗人的美丽风光中，然而又那么土腥气，那么真实，那么是从自然拈来的人！英国诗人辜律支（Coleridge①）称莎氏为"千心的人"，真是一句确评。

莎士比亚的客观同他的深厚的同情心，往往使许多在他笔下不可救药的凶顽、自私、愚蠢的人，会在剧情的进展里获得作者的爱

---

① 今译柯勒律治（Samuel Taylor Coleridge，1772—1834），英国诗人，湖畔派代表，文艺批评家。

护，化成可恕的甚且可爱的人物。在他的剧本 Measure for Measure①
里面那个杀人犯：Bernardin 本是预定将他的头代替 Clandio 的，不
料诗人笔下给与这凶犯若干的个性，竟不忍叫他死，虽然有伤于
剧情的本身。再看那位 Folstaff②，是怎样的一个人？真是一个怯
懦的寄生虫似的动物，然而莎士比亚把他造成一个最大的"幽
默"天才，莎氏剧中顶有趣的人物。就看那《威尼斯商人》中的
夏洛克，一个凶狠无人性的犹太人，却正因他的恨，他的顽强的
报复心理，使人感到他的人性，给与他出乎意外的同情，使他变
成剧中有趣的人格。只有亚高是个彻头彻尾的恶人。

莎士比亚表现人物的道德观点和文艺复兴的时代精神一致。
这就是尊重个人人格的解放与自主。整个中古时代的人生意义和
价值是寄托在天国，他们的苦痛和安慰都系于上帝的恩惠。就是
希腊悲剧，形式那样地完成，然而缺少悲剧的中心动力：这悲剧
主角的自由意志。希腊悲剧的真正主角是神旨，是命运。人物个
性自主的力量极微薄。性格往往为行动所主持，而在两者之上是
命运（神旨）早已安排了全剧的首尾。

而莎氏剧中的主要情节是从人物性格与行动中自然地发展来
的。所以那样真挚，亲切，自然。从这真切的自然中生出风韵，
生出诗。诗人的智慧和广大的同情里流出泉水般的"黄金的幽
默"，像朵朵细花洒遍在沉痛动人的生命悲剧上。

---

① 即《一报还一报》，又译为《请君入瓮》。
② 称为 Sir John Folstaff，即约翰·福斯塔法爵士。是莎士比亚所写历史
剧《亨利四世》（上、下篇）中一个肥胖、机智、乐观、爱吹牛的武士。

歌德的《少年维特之烦恼》

我们的世界是已经老了！在这世界中，任重道远的人类，已经是风霜满面，尘垢满身。他们疲乏的眼睛所看见的一切，只是罪恶、机诈、苦痛、空虚。但有时会有一位真性情的诗人出世，禀着他纯洁无垢的心灵，张着他天真莹亮的眼光，在这污浊的人生里面，重新掘出精神的宝藏，发现这世界崭然如新，光明纯洁，有如上帝创造的第一日。这时，不只我们的肉眼，随着他重新认识了这个美丽庄严的世界，尤其我们的心情，也会从根基深处，感动得热泪迸流，就像浮士德持杯自鸩时，猛听见教堂的钟声，重复感触到他童年的世界，因为他又来复了童年的天真！

少年歌德是这样的一个诗人，少年维特是这样的一个心灵。他是歌德人格中心一个方向的表现与结晶。所以，《少年维特之烦恼》，同《浮士德》一样，是歌德式的人生与人格的内在的悲剧，它不是一部普通的恋爱小说，它的影响，它的价值，就基础于此。

我们知道歌德式的人生内容，是生活力的无尽丰富，生活欲的无限扩张，彷徨追求，不能有一个瞬间的满足与停留。因此，苦闷烦恼，矛盾冲突，而一个圆满的具体的美丽的瞬间，是他最大的渴望，最热烈的要求。

但是，这个美满的瞬间，设若果真获得了，占有了，则又将被他不停息的前进追求所遗弃，所毁灭，造成良心上的负疚，生活上的罪过。浮士德之对于玛甘泪，就是这样一出悲剧。这也就是歌德写《浮士德》的一大忏悔。但是，设若这个美满的瞬间，浮在眼前，捕捉不住，种种原因，不能占有，而歌德式热狂的希求，不能自已，则终竟惟有如膏自焚，自趋毁灭。人格心灵的枯死，倒不在乎自杀不自杀的了。

《少年维特之烦恼》，就是歌德在文艺里面，发挥完成他自己人格中这一种悲剧的可能性，以使自己逃避这悲剧的实现。歌德自己之不自杀，就因他在生活的奔放倾注中，有悬崖勒马的自制，转变方向的逃亡。他能化泛澜的情感，为事业的创造；以实践的行为，代替幻想的追逐。

歌德生活的扩张，本有积极的与消极的两方面。积极的方面，表现于反抗一切传统缚束以伸张自我的精神。这种精神所遇到的阻碍，与悲剧表现于《瞿支》《卜罗米陀斯》《格丽曼》等作品中，尤其在《浮士德》的第一幕，因无限知识欲的不能满足而欲自杀，这是一个倔强者、积极者的悲剧。而在少年维特，则是歌德无尽的生活力，完全融化为情感的奔流。这热情的泛溢，使他不能控制世界，控制自己，而毁灭了自己。

少年维特是世界上最纯洁、最天真、最可爱的人格，而却是一个从根基上动摇了的心灵。他像一片秋天的树叶，无风时也在颤栗。这颗颤摇着的心，具有过分繁富的心弦，对于自然界人生界，一切天真的音响，都起共鸣。他以无限温柔的爱，笼罩着自然与人类的全部，一切尘垢不落于他的胸襟。他以真情与人共忧共喜，尤爱天真活泼的小孩与困苦中的人们。但他这个在生活中的梦想者，满怀清洁的情操，禀着超越的理想，他设若与这实际人事界相接触，他将以过分明敏的眼光，最深感觉的反应，惊讶这世界的虚伪与鄙俗。我们读《少年维特之烦恼》的头几章，就会预感着这样的一个心灵，是不能长存于这个坚硬冷酷的世界的。他一走进实际人生，必定要随处触礁，而沉没的少年维特的悲剧，是个人格的悲剧，他纯洁热烈的人格情绪，将如火自焚，何况还要遇着了绿蒂？

绿蒂是个与维特正相反的个性。她的幽娴贞静，动作的和谐，能在平凡狭小的生活中，表现优美与和平；窈窕的姿态，使一切世俗琐碎，皆化成和美的音乐。她的自足，她的圆满，虽然规模狭小，却与那在无尽追求中，心灵不定的维特，成了个反衬。所以，她成了维特飘泊人生中的仙岛，情海狂涛里的彼岸。他自己所最缺乏而希求不到的圆满宁静与和谐，于此具体实现。她是他解脱的导星，吸引向上的永久女性，而他的这个生活上唯一的希望，唯一的寄托，却可望而不可即，浮在眼前，却不能占有。心灵愈彷徨憔悴、枯竭，则不死何待?

何况，即使是美满的瞬间能以实现，而维特式、歌德式向前无尽的追求，终将不能满足，又将舍而之他，造成良心上的负疚、生活上的罪恶与苦痛，则《浮士德》的中心问题又来了!

所以，"维特"与"浮士德"，同是歌德人格中心及其问题的表现。他不是一部普通的恋爱小说，他启示着人生深一层的境界与意义。我们现在再来看一看这本书的艺术方面。这本书，是歌德从生活上的苦痛经历中一口气写出的。内容与体裁，形式与生命，成一个整体。所以，我们要知道了他内容的故事，与故事中的意义，然后才能完全了解他艺术的外形。所以，我们先叙述一下这本小说内容的大概，然后再观察他的体裁形式与描写的技术。

书中的主人，是一个绝顶聪明、纯洁多情的少年，性质类似少年歌德，不过，还更多感、更温柔、更软弱些。他的软弱，并不是道德的自制的情操比他人不足，乃是热烈深挚的情绪与感受性过分的浓郁。他的愉快与痛苦，都较常人深一层。他的热情已邻近疯狂。他像一个白日做梦者走过这世界，光明与惨暗，都是他自己心情的反射。他爱天然，爱自由，爱真性情，爱美丽的幻想。他最恨的是虚伪的礼教，古板的形式，庸俗的成见。社会上的人物，劳碌于琐碎无意义的事业，他都看不起。宇宙太伟大了，自然太美丽了，人为的一切，徒然缚束心灵，磨灭天性，算得什么?但他自己虽无兴趣于世俗琐事，却不是懒惰。他内心生活的飞跃，思想与情绪汹涌于胸际，息息不停。他的闲暇，全都用于观察一切，思索一切，尤在分析自己——以至毁灭了自己!

在春光明媚的五月，这个光明美丽的心灵，来到一个新鲜的客地。他完全浸沉于大自然的生命中，就像一只蝴蝶，在香海里遨游。荷马的古典诗歌，使他心地宁静庄严，小孩儿与平民的接触，使他和悦天真。他的心情，像一个春天的早晨，清朗而新鲜，精神愉快而纯洁，使我们读者也觉心花开放，感到一种青春光明的人生意义。在这少年心灵的太空中，不是完全没有暗淡的愁云轻轻掠过，但他自信随时可以自由脱离尘世，不足为虑。然而，我们已经感着他人格根性上的悲观，而一种不祥的预兆已触动我们的心。我们觉着这个可爱少年，心灵的组织，太纤细、温柔了，是不宜于这世间的。

于是，从五月到六月，他在一个跳舞会里认识了绿蒂，而他全部的灵魂，一下子就堕入情网。他飘浮在恋爱的愉快中，也不管绿蒂是已经与人订了婚的。绿蒂的家庭与小孩儿们都欢迎他，他就无日不去陪伴她。他崇拜绿蒂如天人，一切与她接触过的，带着她的氛围气的，对于他都是神圣的。这是他最光明、最愉快的日子，自然界也以晴光暖翠掩映于他们的情爱中，但是，到了七月终，绿蒂的未婚夫来了，维特从甜梦中惊醒，他想走开让他。但阿培尔是个好人，并不猜妒，对维特态度甚佳。于是，维特自哄自的，不听他朋友威廉的函劝，徘徊流连而不言去。

但是，他以前纯真的天趣已渐失了。心胸里开始矛盾了，情感与理智开始冲突了。他还常往自然里走动，而这慈母的自然对于他已不复是宁静与安慰。以前，大自然是个无尽生命新鲜活跃的场所，现在，却变成了一座无边惨淡的无底坟墓。他认识了自已矛盾的现状，却没有力量超脱，只有望着黑暗的未来流泪。他已经想到自杀。在八月三十日写给威廉的信中说：

我看，这痛苦的终局，只有坟墓。

他的朋友威廉劝他走开，他终于振作起来，于九月十一日，离开他这快乐与烦恼的地方。这是第一篇的终结。

第二篇开始——十月二十日——维特在使馆里任职了。他过得很好。远离着绿蒂，有秩序的工作使他心灵和静。但又来了别的刺激使他不快。公使是个拘谨执着的人。他不满意维特文字的自由风格。他要维特修改他的句法。他表示得很不客气。这个贵族社会里的浅薄、傲慢的阶级观念，使他难堪。于是，一年过了。在第二年的二月间，他得知阿培尔与绿蒂的结婚，他写了一封很有礼、很同情的信贺他们。他只希望在绿蒂的心中占第二个位置。我们对于他觉得很有希望。但到了三月的中间，一种意外的事情，使他非常难受，极端损害他的自尊心。有一位伯爵请他去吃午饭。饭后，他谈话流连不知去，不觉到了晚间。他陪着一位很乐意的小姐在客厅里。而晚间，伯爵是宴请一班贵族社会的客人。伯爵见维特忘形不去，只好催他走开。这种事情立刻传播于宴会间，而那位小姐的姑母，很责备她不应下交维特。维特受了这个刺激，就向使馆辞职。他本来是不宜于这个社会这种职业的，何况又受了这个侮辱。他失恋的心情，又加上自尊心的损害，真是不堪的了。

　　于是，五月间，应了一位公爵的召请，投奔于他，而公爵待他虽很好，却是一位庸俗无味的人。他感到异常无聊。他想去从军，而公爵劝阻了他。他留下过了六月，终于顺从心的不可抵抗的要求，奔赴着旧的命运，他回往绿蒂处！

　　绿蒂与阿培尔很欢迎他，但是他发现这个世界已大变化了，因为他现在的心情不复是从前的心情了。自然界对于他不复是活跃和谐的生命，而变成了类似剧台上机械的布景。他自己丰富美丽的心泉，已经枯竭。荷马诗里光明的世界已不感兴趣，而爱浸沉于莪相的哀调中寂寞惨淡暗雾朦胧的北欧诗境。绿蒂与阿培尔幸福么？阿培尔愈过愈成一个干燥、拘束、在繁多职务里烦闷的人。绿蒂做了一个忠实干练的家庭主妇。她也觉得维特心灵的灰暗，不能复得愉快的共鸣。她谨守着她的内心情感，不使流露于外。维特以极注意、极灵敏的感觉，捕捉绿蒂无意中表现的同情，就像一个沉没海水中的人，挣命捉住一点木板。绿蒂的同情与了解，是他世界中唯一的安慰，唯一的倚赖。他更不能离开这个地方了。他的前途十分渺茫。他在社会上的地位与自尊心，已经破灭。生活的力量，已经颓丧，恋爱已经绝望。心灵的枯死，仅待肉体的自杀了。自杀的念头日强一日，对自杀感到有神圣的光辉。自杀是解脱肉体返归于万有的慈父唯一的出路。于是，经过十一月及十二月的大半，外界景象愈枯寂、暗淡，心里更抱死念。他意已决了！但头一天尚欲见绿蒂一面。他碰着她一个人在屋内，使她非常不安。为着排遣此紧张的可怕的时间，她请他译读莪相的哀歌。可尔玛与阿尔品悼亡的哀调，使他们泪如泉涌。稍停一会，再继续念道：

> 我的哀时已近，
>
> 狂风将到，
>
> 吹打我的枝叶飘零！
>
> 明朝有位行人，
>
> 他是见过我韶年时分，
>
> 他会来，
>
> 会来，
>
> 他的眼儿在这原野中四处把我找寻，
>
> 可是，我已无踪影……

这诗句的凄哀，正映着他自己的命运，他完全失去了自制力，他失望到了极点，他跪倒在绿蒂的面前，紧握她的两手，压着自己的眼睛与头额。绿蒂伤心而怜惜着他，俯身就他，而他就发狂拥着她接吻，庄重的绿蒂推开了他，他于次晚自杀。

我们以紧张的同情，读完这本朴质凄美的长诗，一个高尚热情的青年，在我们眼前，顺着他内心的命运，毁灭了自己。我们二十世纪唯物冷静的头脑，读了也要感动，何况多情伤感的狂飙时代！

但是，这书内容的人生表现，固然有甚深的意义，不是一部平常恋爱小说，然若非诗人用他精妙而极自然的艺术描写，也不能成功这本空前的杰作。我们现在再从艺术方面观察这书：

我们先研究这书的体裁形式——全书是写一个青年内心生活的发展，自然界的种种都是这内心的反映。所以，这本书写的是一幅一幅心灵的图画，情绪的音乐。内心生活固然紧张，但若欲写成一个剧本，则嫌书中主角，不是一个对世界或命运的强力挣扎或抵抗者。戏剧式的冲突与纠纷，尚嫌不足。这书的内容，最富有抒情的诗意，但若欲写成一篇诗，则这故事中，又确有一个中心的冲突与纠纷（恋爱与道义，个性与社会，人格与世界的冲突）。这书的主体，仍是一个 Crisis，何况歌德的抒情诗，纯然是心情状态之外化为音调词句，是表现恋爱已得的愉快，或已失的痛苦，非描述这从得而失的经过。故少年维特之心灵生活的发展与毁灭，极应得一小说式的叙述。然又将嫌事情的外表太简，所写多为内心情感的状态，应有一种介乎叙述与抒情两者中间的文体。于是歌德发现了书信的体裁。在歌德以前，法国文豪卢梭，已用信札体写他的小说《新哀绿绮思》，在文坛上大放光彩。它是人们的情感与直觉生活，从十八世纪理知主义解放了后自由表现自己的新工具、新形式。这个新工具到了歌德天才的手里，才尽量发挥它的效用。

这信札体的优点何在？它不似其它任何一种文体的严格形式。它既能委婉地叙事，如一段小说；也能随意地抒情，如一篇诗；又能自由发挥思想，如哲理的小品文。但又不似诗或小说所叙述的对象，限于一个时间性。在一封信中，可以追忆往景，描绘目前，感想未来。小说或诗，须注意一事一境之联贯，继续的发展，而信札，则极自由，可以述自己，也可同时谈他人，可以写风景，谈哲理，泄情绪。写信时，有个受信的"你"在对方，于是，要把自己的情绪状态客观化，以客观的态度，把自己在对方瞩照的眼里呈现，而同时又流露着与对方之人的关系。歌德运用这自由美妙的工具，在一本小小的书里绘景写情，发表思想，一个多情深思的青年，由此充分表出。这写信的主体人格，贯穿着这丰富的多方面，成一音乐的和谐，而我们同时可站在受信者地位，窥见维特心灵的内部秘密，有如细腻的图画。

这个写信的维特，即是在恋爱生命中苦痛的歌德，而这受信的"你"，即是超脱了自己而观照着自己的诗人歌德。这诗情的小说，使歌德从生活的苦痛中解放，化身为脱然事外勉慰自己的"威廉"（即受信者）。

这信札的文体，用最简单朴素的写法，给与吾人繁富的景、情、思想的合奏。在这本小小书中，一会儿引着我们蹚进伟大广阔的自然，同时又领导我们流连于酒店炉边，徊徘于古典风味的井泉林下，或游于牧师的静美的园中，或在绿蒂众妹弟小孩们的房内。一会儿，又使我们欣赏伯爵富丽的厅堂，但也让我们领略简陋不堪的村店旅舍。

我们读这本小书时，历过四季时令的自然风色，春天的繁花灿烂，夏季浓绿阴深，秋风里的落叶萧瑟，冬景的阴惨暗淡，此外，浓烈的日光，幽美的月景，黑夜，雾，雷雨，雪，一切自然景象，而此自然各景，皆与维特心情的姿态相反映，相呼应，成为情景合一的诗境。

景物之外，人格个性的描写：少年维特是最引人同情的一个高贵、纯洁、优美，却又不是假想的人格，是有血有肉，好像我们自己认识亲爱的一个朋友，每一个聪明优秀的青年，都会有一个维特时期。尤其在近代文明，一切男性化，物质化，理智化，庸俗化，浅薄化的潮流中。维特是一些尚未同化，尚未投降于这冷酷社会的青年爱慕怀恋的幻影。而他的悲惨的命运，更使人不能忘怀，有无限的悼念。

与这过分感伤、邻于病态的多情少年相对照的，即是那健康的、端庄的、愉快的、现实的，能在狭小范围中满足而美化她周围一切的绿蒂。在这两位主角之外，还有忠实正直而微嫌干燥的阿培尔，一个爱美的公爵，倨傲狭隘的贵族社会，拘谨的官员，心善而量窄的牧师们，好的妇人，窈窕的小姐们，尤其可爱的一群活泼小孩们的画像。这些人在书中并没有许多故事、情节，但却描绘得生命丰满。像荷兰大画家写些极平常的人物，却能引人入胜、令人欣赏。

从情感的抒写方面来说，则全书是写一青年从平静和悦，浸沉于大自然的愉快里走进恋爱生活的陶醉。然后，又从恋爱纠纷的苦痛里，感到心灵的彷徨、动摇。再加在社会上自尊心的受刺激，遂至沉沦于人生的怀疑，精神的破产，而以肉体的自杀告终，是一首哀艳凄美的诗，一曲情调动人的音乐。

在这情与景的灿烂的描绘以外，在全书内尚遍布着许多真诚的、解放的、高超的思想，是由心灵真挚的体会里，迸出的微妙深刻的思想。对于人生、自然、艺术，都是他不同流俗的见解，实为当时狂飙运动里潜伏在人人的心灵中，尤在青年热情的心里中的思想趋势，而能如此美妙地写出的，而且在这书内用了朴直、纯洁、高贵的文笔，如口说一般的写。

这些思想里，许多对于人生世界、善恶、规律与自然，欲望与义务等等永久的问题，引着我们从无限的"永久的"立场，观照这小说中的人生与世界，而能对一切有深一层的体会与谅解。

最后，最动人的，每一页、每一句呼吸着何等的生命与热烈！何等的自然与真挚！文笔风格甚高，却自然如口语，我们觉得在与人对语，很亲热，很聪明，有时作长谈，委婉曲折，而极其自在。而这书的笔调，完全适合情调，有时崇高的口气谈着宇宙人生问题，有时单纯朴质，写着静美的境界，有长函，有短简，有时幽冷如隽语，雅致如小诗，有时紧张如剧本，雄浑如颂歌。这本信札、小说，灼烁于各式风格中，而自成一综合的音调。

我们于百余年后读这本书，有这样的感动；当时在暴风雨欲来的时代，一切苦痛、压迫、不自然、不自由的情调，散布着悲观笼罩全世，歌德感触最深，表白得最沉痛，为一代的喉舌，则当时影响之大，可想而知了！

原载《歌德之认识》，南京钟山书局
1932 年版，第 203-216 页

说人生观

世俗众生，昏蒙愚暗，心为形役，识为情素，茫昧以生，朦胧以死，不审生之所从来，死之所自往，人生职任，究竟为何，斯亦已耳。明哲之士，智越常流，感生世之哀乐，惊宇宙之神奇，莫不憬然而觉，遽然而省，思穷宇宙之奥，探人生之源，求得一宇宙观，以解万象变化之因，立一人生观，以定人生行为之的，是以，今日哲学之所事有二：

（一）依诸真实之科学（即有实验证据之学），建立一真实之宇宙观，以统一一切学术；

（二）依此真实之宇宙观，建立一真实之人生观，以决定人生行为之标准。

第一问题，今世欧土大哲学家殚思竭虑，以从事于此者甚众，大致可分四大派别：（一）唯物派；（二）唯心派；（三）实证派；
（四）认识论派。槐将另篇详其原委，今所略述者，即是第二问
题之一部分。

第二问题，即由宇宙观决定人生观是也。但今世学派分歧，
人各异执，尚未得一确定不易、举世共认之宇宙观，是以，人生
观亦因人而异，不归一致。今但就槐平日观察所见，各种人生观，
及由此人生观所发之人生行为，略陈于后，并稍附鄙见，先列一
表，以明条理：

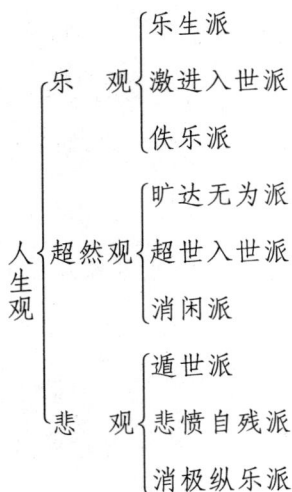

人生观
- 乐观
  - 乐生派
  - 激进入世派
  - 佚乐派
- 超然观
  - 旷达无为派
  - 超世入世派
  - 消闲派
- 悲观
  - 遁世派
  - 悲愤自残派
  - 消极纵乐派

宇宙实际，人生实事，变化迁流，皆有因果。依常恒不变之
律令，据亘古常新之公理，本无悲观乐观之可言，悲乐云者，有
情众生，主观之感也。但众生既含识有情，迷执主观，则于人事
世事，不能无欣厌之情，悲乐之见。乐观之辈，视宇宙如天堂，

人生皆乐境，春秋佳日，山水名区，无往而非行乐之地。悲观者，视人生为苦海，三界如火宅，生物竞存，水深火烈，扰扰生事，莫非烦恼。而明理哲人，神识周远，深悉苦乐，皆属空华。栖神物外，寄心世表，生世荣悴，渺不系怀，但悯彼众生，犹陷泥淖，于是毅然奋起，慷慨救世，是超世入世观也。唯此三观，可尽人生观之大致。今将分别论之。

一　乐观

乐观原因导致，有哲人之乐观，诗人之乐观，政治家之乐观，社会学家之乐观。其所以乐观者殊，而乐观之意则同也。何谓乐观？乐观云者，即是心中意中，以为宇宙美满，人生无憾，纵时事有困难窳败之点，而以为此种现象，适所以砥砺磨折，以成将来美满之果。于是，心怀勇往之气，奋然激进，求达所望，此乐观之派，亦有点取者也。十七世纪，德国哲学家莱布理治①氏，尝拟证明此世界为最美满之世界，其证如下：

　　真神理想中有无数之世界，神从此诸理想世界中选其一而创造之，则必为其最美满者无疑，何以故？以真神有全智全能仁慈三德故，以全智，故能选此最良之世界；以全能，故能造此最良之世界；以仁慈，故欲造此最良之世界。

---

　　①　今通译为莱布尼茨。

此等证论，现在当然不能成立。康德已于《纯知检核论》中，破之无遗。是故，哲学家能以学理证明世界之乐观者，尚未得其人，其实，世界实际，本超苦乐，苦乐之感，纯属主观，而诗人之乐观，则有可言者。诗人歌咏性情，情之所感，发而为诗，诗人对于世界人生，不以学理观，不以事实观，而以中心之感情观也。情分悲乐，于是有悲观之诗人，有乐观之诗人。乐观诗人，徜徉天地间，惊自然之美，叹造化之功，歌咏之，颂扬之，手之舞之，足之蹈之，誉宇宙为天堂，为安乐园，人之生世，在此大宇长宙观，山明水秀，鸟语花香，无往而非乐境也。此派乐观诗人，因惊宇宙之美，遂忘人世之苦，固属偏见，而自然界现象之宏伟壮丽，亦人类所共认也。德国哲学家萧彭浩①氏尝有言曰：世界旁观之则美，身处之则苦。颇具深意。哲人诗家之外，尚有乐观之政治家及社会学家，或激于爱国之忱，或感于人道主义，谓国家前途，人类将来，日渐进化，有美满无憾之一日，至于社会庸民，处治安之世，欣欣然乐其生命，则乐观之又一派也。现世界乐观之士，颇不乏人，拟别为三派如后。

（一）乐生派。人孰不乐生而恶死，缘此天然乐生之意，遂觉生之可乐，死之可哀，兢兢业业，终日操作，求得其生以为满足，思想不越生事之外，见闻不出闾里之间；或农或工，或商或仕，熙熙融融，于以没世，此所谓乐生派也。此派之人，无远想，无特识，为己之意多，利他之心微，虽称社会之良民，实非世界

——————————

① 今译为叔本华。

之哲士；又有一类隐逸诗人，旷达高士，如陶渊明其人者，田园幽居，东窗啸傲，陶然自得，藜藿自甘，自食其力，不待给于社会，亦欣欣然有乐生之意，而旷达为怀，斯乃由旷达观而生乐观者也。列之乐生派中，而高风邈矣。

（二）激进入世派。热忱之士，蒿目世艰，愤社会之窳败，感人生之多忧，梦想大同盛治之世，遂慷慨入世，奋不顾身，百折不回，坚忍卓绝，此诚可钦可敬者矣。古之墨翟即斯派之杰也。然此派之人，若未先具有超然旷达之观，夷视一切，成败利钝，皆所不计，而太持乐观以为事可必达，功可必成，则一旦失意，悲愤自残，往往侘傺无聊，颓然自放，不堪再振矣。

（三）佚乐派。此派众生，社会之蠹，实无可论之值。但既属社会所有，则亦不得不记，以待先觉之士，筹警觉导悟之策，此派之人，大都富家纨袴子弟，堕落青年，身处膏粱文绣，习于奢侈淫乐，不识人类之艰苦，以为人生行乐耳，何兢兢于学术事功为，昼夜昏茫无所事事，既胸无学识，用自遣意，又久习柔靡，不能自振，不得不召聚同类，放纵佚乐，以排胸内之无聊，厌身心之欲望，一日不获纵其乐，便惆怅无所措手足，察其精神堕落之苦，实胜贫民手足胼胝之劳，而自以为享人生之至乐也。逮夫精神沉销既尽，漫天暮气，继之而起，绮丽繁华，无复意趣，学术事功，又素所未娴，于是踯躅无聊，莫知所可，益自颓放，从事悲观，醇酒妇人，自残生命，是则由乐观之佚乐派，堕入悲观之消极纵乐派矣。此派之人，不乏明慧可爱之少年，而社会罪恶，家庭窳败，诱使堕落，以戕天才，实社会上最可痛心之事也，先觉之士当思有以处之。

乐观三派既陈于上，请继述悲观之派。

二　悲观

悲观缘起，亦各殊致，有哲人之悲观，诗人之悲观，社会学家之悲观，宗教家之悲观。何谓悲观？悲观云者，即是心中意中以为世界多憾，人生多忧，亘古如斯，永无改进之一日。社会进化，罪恶烦恼，与之俱进，人心机诈，因文明而日深，生事艰难，缘进化而愈甚。东方哲人，自古多悲观之士，而今日欧西哲学，亦颇盛唱悲观。唯心之家有萧彭浩氏 A. Schopenhauer，唯物之派则依据达尔文生物竞存之学术，于是悲观之见，竟得哲学之根据。今请略陈其说。萧彭浩氏著《世界唯意识论》，畅阐世界罪恶，人生苦恼，以天才之笔，写地狱现象。其书之出，震惊一世，其悲观之言曰：世界众生皆抱求生之意志，生之未得，深感苦恼，生之既得，遂觉无聊，而眇眇微躬，举世皆敌，困厄危险，百出不穷，略不惊觉，既丧生机，而人类之大敌，即是人类。盖人类贪残凶狠，不亚猛兽，乃佐之以机诈狡谋，实禽兽所不及。此犹人生自外铄我之痛苦也。而人生痛苦之源，实即自心。自心欲望无穷，希求无厌，求之不得，盛生烦恼；求之既得，耽玩未久，既生厌倦。厌倦之情既生，则向之所欣，俯仰之间，皆成陈迹，无复系怀，于是新生所倦，聊以自遣，希求厌倦，周而复始，人之一生，来往于苦恼无聊之间而已。痛楚无穷，而不自悟。萧彭浩之悲观哲学，是由心理学而建立者也。达尔文学术之悲观，则根据生物学。生物学者，即研究世界一切含生之物生存状态之学也。达尔文之言曰：一切生物，因求维持生命，时时在战争中。或与天然之困境战，或与同类争生存之资粮而战，或与异类因避困厄而战，或与疾病战，或与自心战（此惟人类为盛），时时战争，无时休息，因战争而进化，因进化而战争，战争之形式不同，而战争之原理则一，其一维何，即求维持生命，增进生命而已。如此世界，如此战争，悲观之生，何由遏止，是以达尔文之学术出而悲观之哲学大盛也。哲学之悲观既已颇得证据，于是文学思潮亦因之大变。近代俄国写实派文学，盛写社会之恶，人生之苦，风行一世，实悲观派之文学也。悲观诗人，自古已多，《离骚》之作，是忠君爱国所激发之悲观也。此外，穷愁抑郁之篇实不可胜数，尤以中古时意大利诗人但丁《地狱》之诗，最为著名。但丁所描写之地狱，即指此人世言耳。社会学家之悲观，以谓世界人数日增，而世界资粮不足所需，必至于战争，此战争之祸所以永不可灭也。此外，尚有宗教家之悲观，世界最大宗教有五：即佛教、婆罗门教、耶教、回教与犹太教。前三教信徒最多，而皆悲观之教也。盖宗教之起，实由恐惧与希望，夫人世多艰，危害百出，自顾微躯，难与命抗，乃穷极呼天，求鬼神意外之援助，此鬼神之祀所由起也。智慧稍进之民，感苦之情益甚，往往生解脱出世之想，此世界最高宗教佛、耶、婆罗门所由兴也。宗教悲观，有自来矣。既述悲观缘起大略如下，请继陈悲观行为之三派：

（一）遁世派。巢父许由务光涓子，此上古著名之遁世派也。此派高人，厌世俗，避尘嚣，遁迹山村，隐踪岩壑，高尚其志，弗撄尘网，殆亦以世俗人类之鄙恶，而爱山林风物之清幽，尤以举世茫茫，无可与语，高山流水，聊寄幽怀，故宁遁畎亩，躬耕自食，不愿与世周旋，同流合污，此派高风，可起顽俗，但以责备贤者之义衡之，微嫌缺少大悲心耳。此等大都智解超人心襟高洁之士，果能用世，其建设当胜庸俗百倍，而以不合时宜自放，惜哉！然亦社会之恶有以至此也。

（二）悲愤自残派。爱国志士，救世哲人，悲祖国之沉沦，感社会之堕落，奋进激起而不得其术，一旦失志，贻笑世人，遂起悲观，愤激自残。古之屈原贾生，皆此之类。此派之病，在未能先具超世达观，不计成败，故一朝弗达，遂不自持，诚可悯也。然如其人才已寥落不可多见矣。若夫市井之徒，不忍一朝之忿，激而自残，与夫丧失少年，因家庭之困厄，情爱之无终，自残其生，以释痛苦，则皆可悯而不足道者也。

（三）消极纵乐派。此派之人，大都亡国之士，社会失望之人，或潦倒之诗家，或丧志之少年，希求已绝，无复生意，而贪恋世乐，不肯自戕，遂纵情诗酒，聊以忘忧。甚或醇酒妇人，自残生命，斯悲观之极，而强自为欢者也。其情虽可悯，而其行实不足取。意志薄弱，为斯派之大病。既不及遁世派之高尚，又不如自残派之果决，而窃效乐观派行为，于人世逸乐，犹深着贪恋之心，实悲观派之最下者也。

以上三派，虽行为不同，皆以悲观为其因，今将继述超然之观。

三　超世观

世界实际，离言说相，离名字相，离心缘相，毕竟平等。释迦平等之谈，庄周齐物之论，阐之详矣。惟有情众生，迷执主观，于违顺境，生爱恶见遂谓世界。实有苦乐，诚妄执也。（今日科学之客观物质世界，亦超苦乐之外）于是世之哲人，莫不盛称超然之观。超然观者，对于世界人生，双离悲乐见也。或言诸法毕竟空，既无有法，亦无有我；既无有我，何有苦乐？此诚大乘了义之谈，或言万物平等，死生不二，若能情离彼此，智舍是非，则苦乐二情，并无异致，是乃庄周旷达之说。庄周释迦，诚古之真能超然观者矣。虽然，众生迷妄，犹未解此，贪嗔痴迷，造业受苦，圣哲之士，心生悲悯，于是毅然奋身，慷慨救世，既已心超世外，我见都泯，自躬苦乐，渺不系怀，遂能竭尽身心，以为世用。困苦摧折，永不畏难，不为无识之乐观，亦非消极之悲观。二观之病，皆能永离。是以超世入世之派，为世界圣哲所共称也。

超世入世派，实超然观行为之正宗。超世而不入世者，非真能超然观者也。真超然观者，无可而无不可，无为而无不为，绝非遁世，趋于寂灭，亦非热中，堕于激进，时时救众生而以为未尝救众生，为而不恃，功成而不居，进谋世界之福，而同时知罪福皆空，故能永久进行，不因功成而色喜，不为事败而丧志，大勇猛，大无畏，其思想之高尚，精神之坚强，宗旨之正大，行为之稳健，实可为今后世界少年，永以为人生行为之标准者也。

超然之观，既以超世入世为正宗，而有二派众生，依托超然之名，而无入世之志，则亦不可不述，以尽此篇之旨，二派为何，即旷达无为派与消闲派。

旷达无为派。此派之人，闻老庄清静无为之言，不审有为无为不二之致，遂趋于寂灭，偏于无为，静坐终日，不屑事事，或兢尚清谈，纵言名理，而不思以学识事功，有裨人世，其人虽于己之德无亏，而缺乏大悲心，于人世责任，有所未尽也。中国自古名流，多尚此辈，故特言之，愿此后明慧少年，毋堕斯派。

消闲派。此派众生，耳剽无为之名，不审无为之实，无为既久，顿觉无聊，无聊之极，遂思有所为以自遣，于是，琴棋书画，箫笙管笛，优哉游哉，以消永昼，或广集古玩，摩挲终日，或沉湎于酒，不识昼夜，此派之人，虽无大害于社会，然须知人生闲暇，至为难得，今既终日悠游，一无所事，纵不能从事学术事功，以惠世界，亦当就其所为，专精美术，或造名画，或谱音乐，贡献于世，以助扬人类高尚纯洁之审美精神，斯乃无负于社会耳。

以上述三种人生观及各派人生行为竟。

原载《少年中国》第 1 卷第 1 期，

1919 年 7 月 15 日出版

怎样使我们生活丰富？ [①]

要解决这个问题，首先要问：究竟什么叫做生活？

生活这个现象，可以从两方面观察。就着客观的——生物学的——地位看来，生活就是一个有机体同他的环境发生的种种的关系。就着主观的——心理学的——地位看来，生活就是我们对外经验和对内经验总全的名称。

我这篇短论的题目，是问怎样使我们的生活丰富？换言之，就是立于主观的地位，研究怎样可以创造一种丰富的生活。那么，我对于"生活"二字认定的解释，就是"生活"等于"人生经验的全体"。

生活即是经验，生活丰富即是经验丰富，这是我这篇内简括扼要的答案。但是，诸位不要误会经验是一种消极被动的容纳，

———————————

① 原刊 1920 年 3 月 21 日《时事新报·学灯》。

要知道，经验是一种积极的创造行为，然后，才知道我们具有使生活丰富、经验丰富……的可能性。我们能用主观的方法，使我们的生活尽量的丰富、优美、愉快、有价值。

我们怎样使生活丰富呢？我分析我们生活的内容为"对外的经验"，即是对于自然与社会的观察、了解、思维、记忆；与"对内的经验"，即是思想、情绪、意志、行为。我们要想使生活丰富，也就是在这两方面着手：一方面增加我们对外经验的能力，使我们的观察研究的对象增加；一方面扩充我们在内经验的质量，使我们思想情绪的范围丰富。请听我详细说来。

我们闲居无事的时候，独往独来，或是走到自然中，看着闲云流水，野草寒花，或跑到闹市里观看社会情状，人事纷纭，在这个时候，最容易看出我们自己思想智慧的程度的高下。因为，一个思想丰富的人，他见着这极平常普通的现象，触处可以发挥他的思想，触动他的情绪，很觉得意趣浓深，灵活机动，丝毫不觉得寂寞。我记得德国诗人海涅（Heine）到了伦敦，有一天，走到一个街角上站了片刻，看见市声人海中的万种变相，就说道："我想，要使一个哲学家来到此地站立了一天，一定比他说尽古来希腊哲学书还有价值。因为，他直接地观察了人生，观察了世界。"他这几句话真可以表示他的思想丰富，生活丰富，随处可以发生无尽的观念感想，绝不会再有寂寞无聊的感觉。而一般普通常人听了他这话，大半是不甚了解，因为他们自己设若有了十分钟的幽闲无事，一定就会发生无聊烦闷的状态，不知怎样才好，要不是长夏静睡，就要去寻伴谈心了。由此可以看出，我们的生活丰富不丰富，全在我们对于生活的处置如何，不在环境的寂寞不寂寞。我们对于一种寂寞的、单调的环境，要有方法使他变成复杂的、丰富的对象。这种方法，怎么样呢？我现在把我自己向来的经验，对诸君说说，看以为如何。

我向来闲的时候，就随意地走到自然中或社会中，随意地选择一种对象，作以下的几种观察：

（一）艺术的；（二）人生的；（三）社会的；（四）科学的；（五）哲学的。

先说一个例。

我有一次黄昏的时候，走到街头一家铁匠门首站着。看见那黑漆漆的茅店中，一堆火光耀耀，映着一个工作的铁匠，红光射在他半边的臂上、身上、面上，映衬着那后面一片的黑暗，非常鲜明。那铁匠举着他极健全丰满的腕臂，取了一个极适当协和的姿势，击着那透红的铁块，火光四射，我看着心里就想道：这不是一幅极好的荷兰画家的画稿？我心里充满了艺术的思想，站着看着，不忍走了。心中又渐渐地转想到人生问题，心想人生最健全最真实的快乐，就是一个有定的工作。我们得了它有一定的工作，然后才得身心泰然，从劳动中寻健全的乐趣，从工作中得人生的价值。社会中实真的支柱，也就是这班各尽所能的劳动家。将来社会的进化，还是靠这班真正工作的社会分子，绝不是由于那些高等阶级的高等游民。我想到此地，则是从人生问题，又转到社会问题了。后来我又联想到生物学中的生存竞争说，又想到叔本华的生存意志的人生观与宇宙观，黄昏片刻之间，对于社会人生的片段，作了许多有趣的观察，胸中充满了乐意，慢慢地走回家中，细细地玩味我这丰富生活的一段。

以上是我现身说法，报告诸君丰富生活的方法。诸君自由运用，可以使人生最小的一段，化成三四倍的内容，乃不致因闲暇而无聊，因无聊而堕落，因堕落而痛苦了。

但这还不是我所说对外经验丰富的方法。这还是静观的，消极的，偏于艺术的方法。这不过是把我们一种的对外经验，一个自然界的对象，作多方面的玩味观察，把一个单调的、平常的环境，化成一个复杂的、丰富的对象，使它表现多方面——艺术、人生、社会、科学、哲学——的境相。用一个比譬说来，就是我们使我们的"心"成了一个多方面的折光的镜子，照着那简单的物件，变成多方面的形态色彩。这已经可以使我们生活丰富不少。但我们还要使我们"在内经验"也扩充丰富，使我们的感情意志方面也不寂寞，这有什么方法呢？这个实在很简单。我们情绪意志的表现是在"行为"中，我们只要积极地奋勇地行为，投身于生命的波浪，世界的潮流，一叶扁舟，莫知所属，尝遍着各色情绪细微的弦音，经历着一切意志汹涌的变态。那时，我们的生活内容丰富无比。再在这个丰富的生命的泉中，从理性方面发挥出思想学术，从情绪方面发挥出诗歌、艺术，从意志方面发挥出事业行为，这不是我们所理想的最高的人格么？

所以，我们要丰富我们的生活，并不是娱乐主义，个人主义，乃是求人格的尽量发挥，自我的充分表现，以促进人类人格上的进化。诸君也有这个意思么？

新人生观问题的我见①

我看见现在社会上一般的平民，几乎纯粹是过的一种机械的、物质的、肉的生活，还不曾感觉到精神生活、理想生活、超现实生活……的需要。推其原因，大概是生活环境太困难，物质压迫太繁重的缘故。但是，长此以往，于中国文化运动上大有阻碍。因为一般平民既觉不到精神生活、理想生活的需要；那么，一切精神文化，如艺术、学术、文学都不能由切实的平民的"需要"上发生伟大的发展了。所以，我们现在的责任，是要替中国一般平民养成一种精神生活、理想生活的"需要"，使他们在现实生活以外，还希求一种超现实的生活，在物质生活以上还希求一种精神生活。然后我们的文化运动才可以在这个平民的"需要"的

① 原刊 1920 年 4 月 19 日《时事新报·学灯》。

基础上建立一个强有力的前途。

我们怎样替他们造出这种需要呢？

我以为，我们第一步的手续，就是替他们创造一个新的正确的人生观。中国平民旧式的人生观——其实，一般人大半还没有人生观可言：因为中国向来盛行孔孟老庄的哲学，发生两种倾向：

（一）现实人生主义：这是大半由孔孟哲学不谈天道，不管形而上问题——超现实思想——的结果。他的流弊，使一般平民专倾向现实人生问题，不知道注意自然，发挥高尚深处，超现实人生，研究自然神秘的观念。他的流弊至极，就到了现在这种纯粹物质生活，肉的生活，没有精神生活的境地。

（二）悲观命定主义：这是大半由老庄哲学深入中国人心，认定凡事都有定数，人工不能为力，所以放任自然，不加动作。没有创造的意志，没有积极的精神，没有主动的决心。高尚的，趋于达观厌世。低等的，流于纵欲享乐。

这两种人生观的流弊，在现在中国社会中发扬尽致了。我们随处可以考察，用不着我细说。不过，那班实行这种人生观的人，自己并不承认，因为他们思想界中并没有人生观三个字的观念。

我们的新"人生观"，从何处创造呢？我以为有两条途径：（一）科学的；（二）艺术的。

（一）科学的人生观

我们知道这"人生观"问题的内容，是含着以下的两个问题：

（A）人生究竟是什么？就是问人生生活的"内容"与"作

用"，究竟是什么东西？

（B）人生究竟要怎样？就是问我们对于人生要取的什么态度，运用什么方法？

这两个问题，我想，我们都可以先从科学上去解答他。因为"生活"这个现象，已经成了科学的对象。科学中的生物学（Biologie）就是研究"生活原则"的学问。分而言之，生理学（Physiologie）是研究"物质生活"的内容和作用，心理学是研究"精神生活"的内容与作用。生活现象的全体已经成了科学研究的对象了。我们不从这个实验的科学的道路上去解决人生生活内容的问题，难道还去学那些旧式的哲学家，从几个抽象的观念名词上，起空中楼阁么？

我们从科学的内容中知道了生活现象的原则，再从这原则中决定生活的标准。譬如，我们知道，生活中有"互助"的现象与"战争"的现象。我们抉择哪一种原则是适合于天演，我们就去尽量扩充发挥，以求我们生活的进化。我们又知"精神生活"是生活中较为高级的进化的现象，我们就应当竭力地发扬他增进他，以求我们生活的高尚。我们又知道生活的作用是创造的变动的，不是固定的消极的，我们就当本着这个原则去活动创造。这是从科学——生物学——的"内容"中，知道我们"生活原则"的内容，再根据这种原则，决定我们生活的态度。

其实，不单是科学的内容与我们人生观上有莫大的关系，就是科学的方法，很可以做我们"人生的方法"（生活的方法）。

科学的方法是"试验的""主动的""创造的""有组织的"

"理想与事实连络的"。这种科学家探求真理的方法与态度，若运用到人生生活上来，就成了一种有条理的、有意义的、活动的人生。

所以，我们可以从科学的内容与方法上，得一个正确的人生观，知道人生生活的内容与人生行为的标准。

但是，科学是研究客观对象的。他的方法是客观的方法。他把人生生活当作一个客观事物来观察，如同研究无机现象一样。这种方法，在人生观上还不完全，因为我们研究人生观者自己就是"人生"，就是"生活"。我们舍了客观的方法以外，还可以用主观自觉的方法来领悟人生生活的内容和作用。

我们自己天天在生活中。这生活究竟是什么，我们当然可以用内省或反照的方法来观察领悟。不过，我们的意识界，常时被外界物质及肉体生活的关系占据充满了，不大能发生纯粹无杂的自觉。所以，要从自觉上了解生活内容，人生意义，也是不容易的。但我想我们还可以用一种比例对照（Aualogie）的方法来推测人生内容是什么，人生标准当怎样。

（二）艺术的人生观

什么叫艺术的人生观？艺术人生观就是从艺术的观察上推察人生生活是什么，人生行为当怎样？

我们知道，艺术创造的过程，是拿一件物质的对象，使它理想化、美化。我们生命创造的过程，也仿佛是由一种有机的构造的生命的原动力，贯注到物质中间，使他进成一个有系统的有组织的合理想的生物。我们生命创造的现象与艺术创造的现象，颇有相似的地方。我们要明白生命创造的过程，可以先去研究艺术创造的过程。艺术家的心中有一种黑暗的、不可思议的艺术冲动，将这些艺术冲动凭借物质表现出来，就成了一个优美完备的合理想的艺术品。生命的现象也仿佛如此。生命的表现也是物质的形体化，理想化。生命的现象，好像一个艺术品的成功。不过，艺术品大半是固定的静止的，生命是活动的前进的。结果不同，而创造的过程则有些相似。

但这种由艺术创造的过程上推想生命创造的过程，终不过是个推想（Analogie）罢了。没有科学的严格的根据。他是一种主观的——艺术家自觉的——想象。不过我们个人自己，不妨抱有这门一种艺术的人生观。从这上面建立一种艺术的人生态度。

什么叫艺术的人生态度？这就是积极地把我们人生的生活，当作一个高尚优美的艺术品似的创造，使他理想化、美化。

艺术创造的手续，是悬一个具体的优美的理想，然后把物质的材料照着这个理想创造去。我们的生活，也要悬一个具体的优美的理想，然后把物质材料照着这个理想创造去。艺术创造的作用，是使他的对象协和、整饬、优美、一致。我们一生的生活，也要能有艺术品那样的协和、整饬、优美、一致。总之，艺术创造的目的是一个优美高尚的艺术品，我们人生的目的是一个优美高尚的艺术品似的人生。这是我个人所理想的艺术的人生观。

我久已抱了一个野心，想积极地去研究这个"科学人生观与艺术人生观"的问题。但是，因为自己的科学与艺术的基础知识太缺乏，至今还没有着手。今天这个短论所写的，乃是我自己所悬拟的着手研究的方向。我很希望国内有许多青年和我同抱这个野心，所以写了出来，以供参采。但是，我所说的实在太简略了，很是抱歉。以后稍有研究时，预备再详细地说一下。

歌德之人生启示①

　　人生是什么？人生的真相如何？人生的意义何在？人生的目的是何？这些人生最重大、最中心的问题，不只是古来一切大宗教家、哲学家所殚精竭虑以求解答的。世界上第一流的大诗人凝神冥想，探入灵魂的幽邃，或纵身大化中，于一朵花中窥见天国，一滴露水参悟生命，然后用他们生花之笔，幻现层层世界、幕幕人生，归根也不外乎启示这生命的真相与意义。宗教家对这些问题的方法与态度是预言的说教的。哲学家是解释的说明的。诗人文豪是表现的启示的。荷马的长歌启示了希腊艺术文明幻美的人生与理想。但丁的神曲启示了中古基督教文化心灵的生活与信仰。莎士比亚的剧本表现了文艺复兴时人们的生活矛盾与权力意志。

　　① 1932 年 3 月为歌德百年忌日所写。

至于近代的，建筑于这三种文明精神之上而同时开展一个新时代。所谓近代人生，则由伟大的歌德，以他的人格、生活、作品表现出它的特殊意义与内在的问题。

歌德对人生的启示有几层意义，几个方面。就人类全体讲，他的人格与生活可谓极尽了人类的可能性。他同时是诗人、科学家、政治家、思想家，他也是近代泛神论信仰的一个伟大的代表。他表现了西方文明自强不息的精神，又同时具有东方乐天知命宁静致远的智慧。德国哲学家息默尔（Simmel）说："歌德的人生所以给我们以无穷兴奋与深沉的安慰的，就是他只是一个人，他只是极尽了人性，但却如此伟大，使我们对人类感到有希望，鼓动我们努力向前做一个人。"我们可以说歌德是世界一扇明窗，我们由他窥见了人生生命永恒幽邃奇丽广大的天空！

在狭小范围，就欧洲文化的观点说，歌德确是代表文艺复兴以后近代人的心灵生活及其内在的问题。近代人失去了希腊文化中人与宇宙的谐和，又失去了基督教对一超越上帝虔诚的信仰。人类精神上获得了解放，得着了自由；但也就同时失所依傍，彷徨摸索，苦闷，追求，欲在生活本身的努力中寻得人生的意义与价值。歌德是这时代精神伟大的代表，他的主著《浮士德》是这人生全部的反映与其问题的解决（现代哲学家斯宾格勒 Spengler 在他名著《西方文化之衰落》中，名近代文化为浮士德文化）。歌德与其替身浮士德一生生活的内容就是尽量体验这近代人生特殊的精神意义，了解其悲剧而努力以解决其问题，指出解救之道。所以有人称他的浮士德是近代人的《圣经》。

但歌德与但丁、莎士比亚不同的地方，就是他不单是由作品里启示我们人生真相，尤其在他自己的人格与生活中表现了人生广大精微的义谛。所以我们也就从两方面去接受歌德对于人类的贡献：（一）从他的人格与生活，了解人生之意义；（二）从他的文艺作品，欣赏人生真相之表现。

一、歌德人格与生活之意义

比学斯基（Bielschowsky）在《歌德传记·导论》中分析歌德人格的特性，描述他生活的丰富与矛盾，最为详尽（见拙译《歌德论》）。但这个矛盾丰富的人格终是一个谜。所谓谜，就是这些矛盾中似乎潜伏着一个道理，由这个道理我们可以解释这个谜，而这个道理也就是构成这个谜的原因。我们获着这个道理解释了这谜，也就可说是懂了那谜的意义。歌德生活之矛盾复杂最使人有无穷的兴趣去探索他人格与生活的意义，所以人们关于歌德生活的研究与描述异常丰富，超过世界任何文豪。近代德国哲学家努力于歌德人生意义的探索者尤多，如息默尔（Simmel）①、黎卡特（Rickert）②、龚多夫（Gundolf）、寇乃曼（Küehnemann）、可尔夫（Korff）等等，尤以可尔夫的研究颇多新解。我们现在根据他们的发挥，略参个人的意见，叙述于后。

我们先再认清这歌德之谜的真面目：第一个印象就是歌德生

① 息默尔（Georg Simmel，1858—1918），今译齐美尔。
② 黎卡特（Heinrich Rickert，1863—1936），今译为李凯尔特。德国哲学家，新康德主义西南德学派主要代表人物。

活全体的无穷丰富；第二个印象是他一生生活中一种奇异的谐和；第三个印象是许多不可思议的矛盾。这三种相反的印象却是互相依赖，但也使我们表面看来，没有一个整个的歌德而呈现无数歌德的图画。首先有少年歌德与老年歌德之分。细看起来，可以说有一个莱布齐希大学学生的歌德，有一个少年维特的歌德，有一个魏玛朝廷的歌德，有一个意大利旅行中的歌德，与希勒交友时的歌德，艾克曼谈话中的哲人歌德。这就是说歌德的人生是永恒变迁的，他当时的朋友都有此感，他与朋友爱人间的种种误会与负心皆由于此。人类的生活本都是变迁的，但歌德每一次生活上的变迁就启示一次人生生活上重大的意义，而留下了伟大的成绩，为人生永久的象征。这是什么缘故？因歌德在他每一种生活的新倾向中，无论是文艺政治科学或恋爱，他都是以全副精神整个人格浸沉其中；每一种生活的过程里都是一个整个的歌德在内。维特时代的歌德完全是一个多情善感热爱自然的青年，著《伊菲格尼》（Iphigenie）的歌德完全是个清明儒雅，徘徊于罗马古墟中希腊的人。他从人性之南极走到北极，从极端主观主义的少年维特走到极端客观主义的伊菲格尼，似乎完全是两个人。然而每个人都是新鲜活泼原版的人。所以他的生平给与我们一种永久青春永远矛盾的感觉。歌德的一生并非真是从迷途错误走到真理，乃是继续地经历全人生各式的形态。他在《浮士德》中说："我要在内在的自我中深深领略，领略全人类所赋有的一切。最崇高的最深远的我都要了解。我要把全人类的苦乐堆积在我的胸心，我的小我，便扩大成为全人类的大我。我愿和全人类一样，最后归于消灭。"这样伟大勇敢的生命肯定，使他穿历人生的各阶段，而每阶段都成为人生深远的象征。他不只是经过少年诗人时期，中年政治家时期，老年思想家、科学家时期，就在文学上他也是从最初罗珂珂式的纤巧到少年维特的自然流露，再从意大利游后古典风格的写实到老年时浮士德第二部象征的描写。

他少年时反抗一切传统道德势力的缚束，他的口号"情感是一切！"老年时尊重社会的秩序与礼法，重视克制的道德，他的口号"事业是一切！"在待人接物方面，少年歌德是开诚坦率热情倾倒地待人。在老年时则严肃令人难以亲近。在政治方面，少年的大作中"瞿支"（Goetz）临死时口中喊着"自由"。而老年歌德对法国大革命中的残暴深为厌恶，赞美拿破仑重给欧洲以秩序。在恋爱方面，因各时期之心灵需要，舍弃最知心、最有文化的十年女友石坦因夫人而娶一个无知识、无教育纯朴自然的扎花女子。歌德生活是努力不息，但又似乎毫无预计，听机缘与命运之驱使。所以有些人悼惜歌德荒废太多时间做许多不相干的事，像绘画、政治事务、研究科学，尤其是数十年不断的颜色学研究。但他知道这些"迷途""错道"是他完成他伟大人性所必经的。人在"迷途中努力，终会寻着他的正道"。

歌德在生活中所经历的"迷途"与"正道"表现于一个最可令人注意的现象。这现象就是他生活中历次的"逃走"。他的逃走是他浸沉于一种生活方向将要失去了自己时，猛然地回头，突然地退却，再返于自己的中心。他从莱布齐希大学身心破产后逃回故乡，他历次逃开他的情人弗利德利克、绿蒂、丽莉等，他逃到魏玛，又逃脱魏玛政务的压迫走入意大利艺术之宫。他又从意大利逃回德国。他从文学逃入政治，从政治逃入科学。老年时且由西方文明逃往东方，借中国、印度、波斯的幻美热情以重振他的少年心。每一次逃走，他新生一次，他开辟了生活的新领域，他对人生有了新创造新启示。他重新发现了自己，而他在"迷途"中的经历已丰富深化了自己。他说："各种生活皆可以过，只要不失去了自己。"歌德之所以敢于全心倾注于任何一种人生方面，尽量发挥，以至有伟大的成就，就是因为他自知不会完全失去了自己，他能在紧要关头逃走退回他自己的中心。这是歌德一生生活的最大的秘密。但在这个秘密背后伏有更深的意义。我们再进一步研究之。

　　歌德在近代文化史上的意义可以说，他带给近代人生一个新的生命情绪。他在少年时他已自觉是个新的人生宗教的预言者。他早期文艺的题目大都是人类的大教主如普罗美修斯（Prometheus）①，苏格拉底，基督与摩哈默德。

　　这新的人生情绪是什么呢？就是"生命本身价值的肯定"。基督教以为人类的灵魂必须赖救主的恩惠始能得救，获得意义与价值。近代启蒙运动的理知主义则以为人生须服从理性的规范，理智的指导，始能达到高明的合理的生活。歌德少年时即反抗十八世纪一切人为的规范与法律。他的《瞿支》是反抗一切传统政治的缚束；他的维特是反抗一切社会人为的礼法，而热烈崇拜生

---

　　① 普罗美修斯（Prometheus），今译普罗米修斯。希腊神话中创造人类和造福于人类的受人尊崇的神。

命的自然流露。一言蔽之，一切真实的，新鲜的，如火如荼的生命，未受理知文明矫揉造作的原版生活，对于他是世界上最可宝贵的东西。而这种天真活泼的生命他发现于许多绚漫而朴质如花的女性。他作品中所描写的绿蒂、玛甘泪、玛丽亚等，他自身所迷恋的弗利德利克、丽莉、绿蒂等，都灿烂如鲜花而天真活泼，朴素温柔，如枝头的翠鸟。而他少年作品中这种新鲜活跃的描写，将妩媚生命的本体熠烁在读者眼前，真是在他以前的德国文学所未尝梦见的，而为世界文学中的粒粒晶珠。

这种崇拜真实生命的态度也表现于他对自然的顶礼。他 1782 年的《自然赞歌》可为代表。译其大意如下：

自然，我们被他包围，被他环抱；无法从他走出，也无法向他深入。他未得请求，又未加警告，就携带我们加入他跳舞的圈子，带着我们动，直待我们疲倦极了，从他臂中落下。他永远创造新的形体，去者不复返，来者永远新，一切都是新创，但一切也仍旧是老的。他的中间是永恒的生命，演进，活动。但他自己并未曾移走。他变化无穷，没有一刻的停止。他没有留恋的意思，停留是他的诅咒，生命是他最美的发明，死亡是他的手段，以多得生命。

歌德这时的生命情绪完全是浸沉于理性精神之下层的永恒活跃的生命本体。

但说到这里，在我们的心影上会涌现出另一个歌德来。而这歌德的特征是谐和的形式，是创造形式的意志。歌德生活中一切矛盾之最后的矛盾，就是他对流动不居的生命与圆满谐和的形式有同样强烈的情感。他在哲学上固然受斯宾诺沙泛神论的影响；但斯宾诺沙所给予他的仍是偏于生活上道德上的受用，使他紊乱烦恼的心灵得以入于清明。以大宇宙中永恒谐和的秩序整理内心的秩序，化冲动的私欲为清明合理的意志。但歌德从自己的活跃生命所体验的，动的创造的宇宙人生，则与斯宾诺沙倾向机械论与几何学的宇宙观迥然不同。所以歌德自己的生活与人格却是实现了德国大哲学家莱布里兹（Leibniz）① 的宇宙论。宇宙是无数活跃的精神原子，每一个原子顺着内在的定律，向着前定的形式永恒不息地活动发展，以完成实现他内潜的可能性，而每一个精神原子是一个独立的小宇宙，在他里面像一面镜子反映着大宇宙生命的全体。歌德的生活与人格不是这样一个精神原子么？

生命与形式，流动与定律，向外的扩张与向内的收缩，这是人生的两极，这是一切生活的原理，歌德曾名之宇宙生命的一呼一吸。而歌德自己的生活实在象征了这个原则。他的一生，他的矛盾，他的种种逃走，都可以用这个原理来了解。当他纵身于宇宙生命的大海时，他的小我扩张而为大我，他自己就是自然，就是世界，与万物为一体。他或者是柔软得像少年维特，一花一草一树一石都与他的心灵合而为一，森林里的飞禽走兽都是他的同胞兄弟。他或者刚强地察觉着自己就是大自然创造生命之一体，

---

① 莱布里兹（Gottfried Wilhelm Leibniz，1646—1716），今译莱布尼兹。德国著名哲学家、科学家。

他可以和地神唱道：

> 生潮中，业浪里，
>
> 淘上或淘下，
>
> 浮来又浮去！
>
> 生而死，死而葬，
>
> 一个永恒的大洋，
>
> 一个连续的波浪，
>
> 一个有光辉的生长，
>
> 我架起时辰的机杼，
>
> 替神性制造生动的衣裳。
>
> ——郭沫若译《浮士德》

但这生活片面的扩张奔放是不能维持的，一个个体的小生命更是会紧张极度而趋于毁灭的。所以浮士德见地神现形那样的庞大，觉得自己好像侏儒一般，他的狂妄完全消失：

> 我，自以为超过了火焰天使，
>
> 已把自由的力量使自然甦生，
>
> 满以为创造的生活可以俨然如神！
>
> 啊，我现在是受了个怎样的处分！
>
> 一声霹雳把我推堕了万丈深坑。
>
> ……

哦，我们努力自身，如同我们的烦闷，

一样地阻碍着我们生长的前程。

——郭沫若译《浮士德》

生命片面的努力伸张反要使生命受阻碍，所以生命同时要求秩序，形式，定律，轨道。生命要谦虚，克制，收缩，遵循那支配有主持一切的定律，然后才能完成，才能使生命有形式，而形式在生命之中。

依着永恒的，正直的

伟大的定律，

完成着

我们生命的圈。

——摘《神性》

一个有限的圈子

范围着我们的人生，

世世代代

排列在无尽的生命底链上。

——摘《人类之界限》

生命是要发扬，前进，但也要收缩，循轨。一部生命的历史就是生活形式的创造与破坏。生命在永恒的变化之中，形式也在永恒的变化之中。所以一切无常，一切无住，我们的心，我们的情，也息息生灭，逝同流水。向之所欣，俯仰之间，已成陈迹。这是人生真正的悲剧，这悲剧的源泉就是这追求不已的自心。人生在各方面都要求着永久；但我们的自心的变迁使没有一景一物可以得暂时的停留，人生飘堕在滚滚流转的生命海中，大力推移，欲罢不能，欲留不许。这是一个何等的重负，何等的悲哀烦恼。所以浮士德情愿拿他的灵魂的毁灭与魔鬼打赌，他只希望能有一个瞬间的真正的满足，使他可以对那瞬间说："请你暂停，你是何等的美呀！"

由这话看来，一切无常的主因是在我们自心的无常，心的无休止的前进追求，不肯暂停留恋。人生的悲剧正是在我们恒变的心情中，歌德是人类的代表，他感到这人生的悲剧特别深刻，他的一生真是息息不停地追求前进，变向无穷。这心的变迁使他最感着苦痛负疚的就是他恋爱心情的变迁，他一生最热烈的恋爱都不能久住，他对每一个恋人都是负心，这种负心的忏悔自诉是他许多最大作品的动机与内容。剧本《瞿支》中，魏斯林根背弃玛利亚；剧本《浮士德》中，浮士德遗弃垂死的玛甘泪于狱中，是歌德最明显最沉痛的自诉。但他的生活情绪不停留地前进使他不能不负心，使他不能安于一范围，狭于一境界而不向前开辟生活的新领域。所以歌德无往而不负心，他弃掉法律投入文学，弃掉文学投入政治，又逃脱政治走入艺术科学，他若不负心，他不能尝遍全人生的各境地，完成一个最人性的人格。他说：

你想走向无尽么？

你要在有限里面往各方面走！

然而这个负心现象，这个生活矛盾，终是他生活里内在的悲剧与问题，使他不能不努力求解决的。这矛盾的调解，心灵负疚的解脱，是歌德一生生活之意义与努力。再总结一句，歌德的人生问题，就是如何从生活的无尽流动中获得谐和的形式，但又不要让僵固的形式阻碍生命前进的发展。这个一切生命现象中内在的矛盾，在歌德的生活里表现得最为深刻。他的一切大作品也就是这个经历的供状。我们现在再从歌德的文艺创作中去寻歌德的人生启示与这问题最后的解答。

二、歌德文艺作品中所表现的人生与人生问题

我们说过，歌德启示给我们的人生是扩张与收缩，流动与形式，变化与定律；是情感的奔放与秩序的严整，是纵身大化中与宇宙同流，但也是反抗一切的阻碍压迫以自成一个独立的人格形式。他能忘怀自己，倾心于自然，于事业，于恋爱；但他又能主张自己，贯彻自己，逃开一切的包围。歌德心中这两个方面表现于他生平一切的作品中。

他的剧本《瞿支》《塔索》，他的小说《少年维特之烦恼》，是表现生命的奔放与倾注，破坏一切传统的秩序与形式。他的《伊菲格尼》与叙事诗《赫尔曼与多罗蒂》等，则内容外形都表现最高的谐和节制，以圆融高朗的优美的形式调解心灵的纠纷冲

突。在抒情诗中他的《卜罗米陀斯》是主张人类由他自己的力量创造他的生活的领域，不需要神的援助，否认神的支配，是近代人生思想中最伟大的一首革命诗。但他在《人类之界限》《神性》等诗中，则又承认宇宙间含有创造一切的定律与形式，人生当在永恒的定律与前进的形式中完成他自己；但人生不息的前进追求，所获得的形式终不能满足，生活的苦闷由此而生。这个与歌德生活中心相终始的问题则表现于他毕生的大作《浮士德》中。《浮士德》是歌德全部生活意义的反映，歌德生命中最深的问题于此表现，也于此解决。我们特别提出研究之。

浮士德是歌德人生情绪最纯粹的代表。《浮士德》戏剧最初本，所谓"原始浮士德"的基本意念是什么？在他下面的两句诗：

> 我有敢于入世的胆量，
> 下界的苦乐我要一概担当。

浮士德人格的中心是无尽的生活欲与无尽的知识欲。他欲呼召生命的本体，所以先用符咒呼召宇宙与行为的神。神出现后，被神呵斥其狂妄，他认识了个体生命在宇宙大生命面前的渺小。于是乃欲投身生命的海洋中体验人生的一切。他肯定这生命的本身，不管他是苦是乐，超越一切利害的计较，是有生活的价值的，是应当在他的中间努力寻得意义的。这是歌德的悲壮的人生观，也是他《浮士德》诗中的中心思想。浮士德因知识追求的无结果，投身于现实生活，而生活的顶点，表现于恋爱，但这恋爱生活成了悲剧。生活的前进不停，使恋爱离弃了浮士德，而浮士德离弃了玛甘泪，生活成了罪恶与苦痛。《浮士德》的剧本从原始本经过 1790 年的残篇以至第一部完成，他的内容是肯定人生为最高的价值，最高的欲望，但同时也是最大的问题。初期的《浮士德》剧本之结局，窥歌德之意是倾向纯悲剧的。人生是将由他内在的矛盾，即欲望的无尽与能力的有限，自趋于毁灭，浮士德也将由生活的罪过趋于灭亡，生活并不是理想而为诅咒。但歌德自己生活的发展使问题大变，他在意大利获得了生命的新途径，而剧本中的浮士德也将得救。在 1797 年的《浮士德》中的天上序曲里，魔鬼糜非斯陀诅咒人生真如歌德自己原始的意思，但现在则上帝反对糜非斯陀的话，他指出那生活中问题最多最严重的浮士德将终于得救。这个歌德人生思想的大变化最值得注意，是我们了解浮士德与歌德自己的生活最重要的钥匙。

我们知道"原始浮士德"的生活悲剧，他的苦痛，他的罪过，就是他自己心的恒变，使他对一切不能满足，对一切都负心。人生是个不能息肩的重负，是个不能驻足的前奔。这个可诅咒的人生在歌德生活的进展中忽然得着价值的重新估定。人生最可诅咒的永恒流变一跃而为人生最高贵的意义与价值。人生之得以解救，浮士德之得以升天，正赖这永恒的努力与追求。浮士德将死前说出他生活的意义是永远的前进：

> 在前进中他获得苦痛与幸福，
> 他这没有一瞬间能满足的。

而拥着他升天的天使们也唱道:

> 惟有不断的努力者
> 我们可以解脱之!

原本是人生的诅咒,那不停息的追求,现在却变成了人生最高贵的印记。人生的矛盾苦痛罪过在其中,人生之得救也由于此。

我们看浮士德和魔鬼靡非斯陀订契约的时候,他是何等骄傲于他的苦闷与他的不满足。他说他愿毁灭自己,假使人生能使他有一瞬间的满足而愿意暂停留恋。靡非斯陀起初拿浅薄的人世享乐来诱惑他,徒然使他冷笑。

以前他愿意毁灭,因为人生无价值;现在他宁愿毁灭,假使人生能有价值。这是很大的一个差别,前者是消极的悲观,后者是积极的悲壮主义。前者是在心理方面认识,一切美境之必然消逝;后者是在伦理方面肯定,这不停息的追求是人生之意义与价值。将心理的必然变迁改造成意义丰富的人生进化,将每一段的变化经历包含于后一段的演进里,生活愈益丰富深厚,愈益广大高超,像歌德从科学艺术政治文学以及各种人生经历以完成他最后博大的人格。歌德的象征浮士德也是如此,他经过知识追求的幻灭走进恋爱的罪过,又从真美的憧憬走回实际的事业。每一次的经历并不是消磨于无形,乃是人格演进完成必要的阶石:

你想走向无尽么？

你要在有限里面往各方面走！

有限里就含着无尽，每一段生活里潜伏着生命的整个与永久。每一刹那都须消逝，每一刹那即是无尽，即是永久。我们懂了这个意思，我们任何一种生活都可以过，因为我们可以由自己给予它深沉永久的意义。《浮士德》全书最后的智慧即是：

一切生灭者

皆是一象征。

在这些如梦如幻流变无常的象征背后潜伏着生命与宇宙永久深沉的意义。

现在我们更可以了解人生中的形式问题。形式是生活在流动进展中每一阶段的综合组织，他包含过去的一切，成一音乐的和谐。生活愈丰富，形式也愈重要。形式不但不阻碍生活，限制生活，乃是组织生活，集合生活的力量。老年的歌德因他生活内容过分的丰富，所以格外要求形式、定律、克制、宁静，以免生活的分崩而求谐和的保持。这谐和的人格是中年以后的歌德所兢兢努力惟恐或失的。他的诗句：

人类孩儿最高的幸福

就是他的人格！

流动的生活演进而为人格，还有一层意义，就是人生的清明与自觉的进展。人在世界经历中认识了世界，也认识了自己，世界与人生渐趋于最高的和谐；世界给予人生以丰富的内容，人生给予世界以深沉的意义。这不是人生问题可能的最高的解决么？这不是文艺复兴以来，人类失了上帝，失了宇宙，从自己的生活的努力所能寻到的人生意义么？

浮士德最初欲在书本中求智慧，终于在人生的航行中获得清明。他人生问题的解决我们可以说：

> 人当完成人格的形式而不失去生命的流动！生命是无尽的，形式也是无尽的，我们当从更丰富的生命去实现更高一层的生活形式。

这样的生活不是人生所能达到的最高的境地么？我们还能说人生无意义无目的么？歌德说：

> 人生，无论怎样，他是好的！

歌德的人生启示固然以《浮士德》为中心，但他的其他创作都是这种生活之无限肯定的表现。尤其是他的抒情诗，完全证实了我们前面所说的歌德生活的特点：

他一切诗歌的源泉，就是他那鲜艳活泼，如火如荼的生命本体。而他诗歌的效用与目的却是他那流动追求的生命中所产生的矛盾苦痛之解脱。他的诗，一方面是他生命的表白，自然的流露，灵魂的呼喊，苦闷的象征。他像鸟儿在叫，泉水在流。他说："不是我做诗，是诗在我心中歌唱。"所以他诗句的节律里跳动着他自己的脉搏，活跃如波澜。他在生活憧憬中陷入苦闷纠缠，不能自拔时，他要求上帝给他一支歌，唱出他心灵的沉痛，在歌唱时他心里的冲突的情调，矛盾的意欲，都醇化而升入节奏、形式，组合成音乐的谐和。混乱浑沌的太空化为秩序井然的宇宙，迷途苦恼的人生获得清明的自觉。因为诗能将他纷扰的生活与刺激他生活的世界，描绘成一幅境界清朗，意义深沉的图画（《浮士德》就是这样一幅人生图画）。这图画纠正了他生活的错误，解脱了他心灵的迷茫，他重新得到宁静与清明。但若没有热烈的人生，何取乎这高明的形式。所以我们还是从动的方面去了解他诗的特色。歌德以外的诗人的写诗，大概是这样：一个景物，一个境界，一种人事的经历，触动了诗人的心。诗人用文字、音调、节奏、形式，写出这景物在心情里所引起的澜漪。他们很能描绘出历历如画的境界，也能表现极其强烈动人的情感。但他们一面写景，一面叙情，往往情景成了对待。且依人类心理的倾向，喜欢写景如画，这就是将意境景物描摹得线清条楚，轮廓宛然，恍如目睹的对象。人类之诉说内心，也喜欢缕缕细述，说出心情的动机原委。虽莎士比亚、但丁的抒情诗，尽管他们描绘的能力与情感的白热，有时超过歌德，但他们仍未能完全脱离这种态度。歌德在人类抒情诗上的特点，就是根本打破心与境的对待，取消歌咏者与被歌咏者中间的隔离。他不去描绘一个景，而景物历落飘摇，浮沉隐显在他的词句中间。他不愿直说他的情意；而他的情意缠绵，婉转流露于音韵节奏的起落里面。他激昂时，文字境界节律音调无不激越兴起；他低徊留恋时，他的歌辞如泣如诉，如怨如慕，令人一往情深，不能自已，忘怀于诗人与读者之分。王国维先生说诗有隔与不隔的差别，歌德的抒情诗真可谓最为不隔的。他的诗中的情绪与景物完全融合无间，他的情与景又同词句音节完全融合无间，所以他的诗也可以同我们读者的心情完全融合无间，极尽浑然不隔的能事。然而这个心灵与世界浑然合一的情绪是流动的、缥缈的、绚缦的、音乐的；因世界是动，人心也是动，诗是这动与动接触会合时的交响曲。所以歌德诗人的任务首先是努力改造社会传统的，用旧了的文字词句，以求能表现出这新的动的人生与世界。原来我们人类的名词概念文字，是我们把捉这流动世界万事万象的心之构造物；但流动不居者难以捉摸，我们人类的思想语言天然的倾向于静止的形态与轮廓的描绘，历时愈久，文字愈抽象，并这描绘轮廓的能力也将失去，遑论做心与景合一的直接表现。歌德是文艺复兴以来近代的流动追求的人生最伟大的代表（所谓浮士德精神）。他的生命，他的世界是激越的动，所以他格外感到传统文字不足以写这纯动的世界。于是他这位世界最伟大的语言创造的天才，在德国文字中创造了不可计数的新字眼、新句法，以写出他这新的动的人生情绪。（歌德他不仅是德国文学上最大的诗人，而且是马丁·路德以后创新德国文字最重大的人物。现代继起努力创新与美化德国文字的大诗人是斯蒂芬·盖阿格)①。他变化无数的名词为动词，又化此动词为形容词，以形容这流动不居的世界。例如"塔堆的巨人"（形容大树），"塔层的远"，"影阴着的湾"，"成熟中的果"等等，不胜枚举，且不能译。他又融情入景，化景为情，融合不同的感官铸成新字以写难状之景，难摹之情。因为他是以一整个的心灵体验这整个的世界，（新字如"领袖的步""云路""星眼""梦的幸福""花梦"等等也是不能有确切的中译，虽然诗意发达极高的中国文辞颇富于这类字眼）所以他的每一首小诗都荡漾在一种浩瀚流动的气氛中，像宋元画中的山水。不过西方的心灵更倾向于活动而已。我们举他一首《湖上》诗为例。歌德的诗是不能译的，但又不能不勉强译出，力求忠于原诗，供未能读原文者参考。

湖　上②

并且新鲜的粮食，新鲜的血
我吸取自自由的世界：
自然何等温柔，何等的好，
将我拥在怀抱。
波澜摇荡着小船
在击桨声中上前，

---

①　斯蒂芬·盖阿格（Stefan George，1868—1933），通译盖斯凯尔。德国诗人，主张"为艺术而艺术"。

②　1775年瑞士湖上作，时方逃出丽莉（Lili）姑娘的情网。（按：姑娘原名 Elisevon Schlndman，嫁 Tuv Kheim 氏）。

山峰，高插云霄，

迎着我们的水道。

眼睛，我的眼睛，你为何沉下了？

金黄色的梦，你又来了？

去罢，你这梦，虽然是黄金，

此地也有生命与爱情。

在波上辉映着

千万飘浮的星，

柔软的雾吸饮着

四围塔层的远。

晓风翼覆了

影阴着的湾，

湖中影映着

成熟中的果。

　　开头一句"并且新鲜的粮食，新鲜的血，我吸取自自由的世界。……"就突然地拖着我们走进一个碧草绿烟柔波如语的瑞士湖上。开头一字用"并且"（德文 Und 即英文 And）将我们读者一下子就放在一个整个的自然与人生的全景中间。"自然何等温柔，何等的好，将我拥在怀抱。"写大自然生命的柔静而自由，反观人在社会生活中受种种人事的缚束与苦闷，歌德自己在丽莉小姐家庭中礼仪的拘束与恋爱的包围，但"自然"是人类原来的故乡，我们离开了自然，关闭在城市文明中烦闷的人生，常常怀着"乡愁"，想逃回自然慈母的怀抱，恢复心灵的自由。"波澜摇荡着小船，在击桨声中上前……"两句进一步写我们的状况。动荡的湖光中动荡的波澜，摇动着我们的小船，使我们身内身外的一切都成动象，而击桨的声音给与这流动以谐和的节奏。"上前"遥指那"山峰，高插云霄，迎着我们的水道……"自然景物的柔媚，勾引心头温馨旖旎的回忆。眼睛低低沉下，金黄色的情梦又浮在眼帘。但过去的情景，转眼成空，不堪回首，且享受新获着的自由罢！自然的丽景展布在我们的面前："在波上辉映着千万飘浮的星……"短短的几句写尽了归舟近岸时的烟树风光。全篇荡漾着波澜的闪耀，烟景的缥缈，心情的旖旎，自然与人生谐和的节奏。但歌德的生活仍是以动为主体，个体生命的动热烈地要求着与自然造物主的动相接触，相融合。这种向上追求的激动及与宇宙创造力相拥抱的情绪表现在《格丽曼》（Ganymed）一诗中（希腊神话中，格丽曼为一绝美的少年王子。天父爱惜之，遣神鹰攫去天空，送至阿林比亚神人之居）。

格丽曼

你在晓光灿烂中，
怎么这样向我闪烁，
亲爱的春天！

你永恒的温暖中，

神圣的情绪，

以一千倍的热爱

压向我的心，

你这无尽的美！

我想用我的臂，

拥抱着你！

啊，我睡在你的胸脯，

我焦渴欲燃，

你的花，你的草，

压在我的心前。

亲爱的晓风，

吹凉我胸中的热，

夜莺从雾谷里，

向我呼唤！

我来了，我来了，

到那里？到那里？

向上，向上去，

云彩飘流下来，

飘流下来，

俯向我热烈相思的爱！

向我，向我，

我在你的怀中上升！

拥抱着被拥抱着！

升上你的胸脯！

爱护一切的天父！

　　这首诗充分表现了歌德热情主义唯动主义的泛神思想。但因动感的激越，放弃了谐和的形式而流露为生命表现的自由诗句，为近代自由诗句的先驱。然而这狂热活动的人生，虽然灿烂，虽然壮阔，但激动久了，则和平宁静的要求油然而生。这个在生活中倥偬不停的"游行者"也曾急迫地渴求着休息与和平。

游行者之夜歌（二首）

一

你这从天上来的

宁息一切烦恼与苦痛的；

给予这双倍的受难者

以双倍的新鲜的，

啊，我已倦于人事之倥偬！

一切的苦乐皆何为？

甜蜜的和平！

来，啊，来到我的胸里！

二

一切山峰上

是寂静，

一切树杪中

感不到

些微的风；

森林中众鸟无音。

等着罢，你不久

也将得着安宁。

歌德是个诗人，他的诗是给予他自己心灵的烦扰以和平以宁静的。但他这位近代人生与宇宙动象的代表，虽在极端的静中仍潜示着何等的鸢飞鱼跃！大自然的山川在屹然峙立里周流着不舍昼夜的消息。

海上的寂静

深沉的寂静停在水上。

大海微波不兴。

船夫瞅着眼，

愁视着四面的平镜。

空气里没有微风！

可怕的死的寂静！

在无边寥廓里，

不摇一个波影。

这是歌德所写意境最静寂的一首诗。但在这天空海阔晴波无际的境界里绝不真是死，不是真寂灭。他是大自然创造生命里"一刹那倾静的假象"。一切宇宙万象里有秩序，有轨道，所以也启示着我们静的假象。

歌德生平最好的诗，都含蕴着这大宇宙潜在的音乐。宇宙的气息，宇宙的神韵，往往包含在他一首小小的诗里。但他也有几首人生的悲歌，如《威廉传》中《弦琴师》与《迷娘》（Mignon）的歌曲，也深深启示着人生的沉痛，永久相思的哀感：

弦琴师（歌曲）

谁居寂寞中？

嗟彼将孤独。

生人皆欢笑，

留彼独自苦。

嗟乎，请君让我独自苦！

我果能孤独，

我将非无侣。

情人偷来听，

所欢是否孤无侣？

日夜偷来寻我者，

只是我之忧，

只是我之苦。

一旦我在坟墓中，

彼始让我真无侣！

迷娘（歌曲）

谁人识相思？

乃解侬心苦，

寂寞而无欢，

望彼天一方，

爱我知我人。

呜呼在远方，

戎头昏欲眩，

五脏焦欲燃，

谁解相思苦，

乃识侬心煎。

歌德的诗歌真如长虹在天，表现了人生沉痛而美丽的永久生命，他们也要求着永久的生存：

> 你知道，诗人的词句
> 飘摇在天堂的门前，
> 轻轻的叩着
> 请求永久的生存。

而歌德自己一生的猛勇精进，周历人生的全景，实现人生最高的形式，也自知他"生活的遗迹不致消磨于无形"。而他永恒前进的灵魂将走进天堂最高的境域，他想象他死后将对天门的守者说：

> 请你不必多言，
> 尽管让我进去！
> 因为我做了一个人，
> 这就说曾是一个战士！

悲剧与幽默的人生态度

人类社会上的法律、习惯、礼教，使人们在和平秩序的保障之下，过一种平凡安逸的生活；使人们忘记了宇宙的神秘，生命的奇迹，心灵内部的诡幻与矛盾。

近代的自然科学，更是帮助近代人走向这条平淡幻灭的路。科学欲将这矛盾创新的宇宙化作有秩序，有法律，有礼教的大结构，像我们理想的人类社会一样，然后我们更觉安然！

然而人类史上，向来就有一些安分的诗人，艺术家，先知，哲学家等，偏要化腐朽为神奇，在平凡中惊异，在人生的喜剧里发现悲剧，在和谐秩序里指出矛盾，或者，以超脱的态度着守一种"幽默"。

但生活严肃的人，怀抱着理想，不愿自欺欺人，在人生里面便会遇到不可解救的矛盾，理想与事实的永久冲突，然而愈矛盾则体会愈深，生命的境界愈丰满浓郁，在生活悲壮的冲突里显露人生与世界的"深度"。

所以悲剧式的人生与人类的悲剧文学，使我们从平凡安逸的生活形式中重新识察到生活内部的深重冲突，人生的真实内容是永远的奋斗，是为了超越个人的生命价值而挣扎，毁灭了生命，以殉这种超生命的价值，觉得是痛苦，觉得是超越解放！

大悲剧作家席勒（Schiller）说：

　　生命不是人生最高的价值。

这是"悲剧"给予我们最深的启示。悲剧中的主角，是宁愿毁灭生命，以求"真"，求"美"，求"爱"，求"权力"，求"神圣"，求"自由"，求人类的上升，求最高的善。在悲剧中，我们发现了超越生命的价值的真实性，因为人类曾愿牺牲生命、血肉、及幸福，以证明他们的实在。果然，在这种悲剧中，人类自身的价值升高了，在这种悲壮的毁灭中，人生显露出意义了。

肯定矛盾，殉于矛盾，战胜矛盾；在虚空毁灭中寻求生命的意义，获得生命的价值，这是悲剧的人生态度！

另一种的人生态度，则是以广博的智慧，照烛宇宙间的复杂关系，以深挚的同情，了解人生内部的矛盾冲突。在伟大外发现它的狭小，在狭小里也看到它的深远，在圆满里发现它的缺憾。但是，缺憾里也找出它的意义。于是，用一种拈花微笑的态度，同情一切，以一种超越的笑，了解的笑，含泪的笑，惘然的笑，包含一切，以超脱一切，使色色黯淡的人生，也罩上一层柔和的金光，觉得人生可爱。可爱处就在它的狭小处，矛盾处，就同我们欣赏小孩们天真烂漫的自私，使人心花开放，不以为忤。

这是一种所谓幽默（Humour）的态度，真正的幽默，是在平凡渺小里发掘价值，以高的角度测量那"煊赫伟大"的，则认识它也不过如此。以深的角度窥探"平凡渺小"的，则发现它里面未尝没有宝藏。一种愉悦，满意，嬉笑，超脱支配了幽默的心襟。

"幽默"不是谩骂，也不是讥刺。"幽默"是冷隽，然而在冷隽背后与里面有"热"。（林琴南译迭更司的《块肉余生》里富有真的幽默。）

戏剧与幽默一是"重新估定人生价值"的，一则肯定超越平凡人生的价值。两者都是给人生以"深度"的，莎士比亚以最客观的慧眼，笼罩人类，同情一切，他是最伟大的悲剧家。然而，他的作品里，充满着何等丰富深沉的"黄金的幽默"。

　　　以悲剧情绪透入人生
　　　以幽默情绪超脱人生

是两种有意义的人生态度。

原载《中国文学》第 1 卷第 1 期，

1934 年 2 月 1 日，流露社出版

青年烦闷的解救法[①]

唯美的眼光

研究的态度

积极的工作

现在中国有许多的青年，实处于一种很可注意的状态，就是对于旧学术、旧思想、旧信条都已失去了信仰，而新学术、新思想、新信条还没有获着，心界中突然产生了一种空虚，思想情绪没有着落，行为举措没有标准，搔首踟躇，不知怎么才好，这就是普通所谓"青年的烦闷"。

这种青年烦闷的状态，以及由此状态产生的现象，如一方面

① 原刊《解放与改造》第 2 卷第 6 期。1920 年 3 月 15 日出版。

对于一切怀疑，力求破坏。他方面，又对于一切武断，急求建设。思想没有定着，感情易于摇动，以及自杀逃走等等的事实，这本是向来"黎明运动"所常附带的现象，将来自然会趋于稳健创造的一途，为中国文化开一新纪元，就着过去历史上看来，本是很可喜的现象。但是，我们自己既遇着这种时期，陷入这种状态，就不得不自谋解救的方法，以求早入稳健创造的境地。

这解救的方法，本也不少。譬如建立新人生观、新信条等类。但这都还嫌纡远了一点，须有科学哲学的精神研究，不是一时可以普遍的。我们现在须要筹出几种"具体的方法"，将这方法传播给烦闷的青年，待他们自己应用这种方法去解救他们的苦闷。我现在本着我一时的观察，想了几条方法，写出来引动大众的讨论，希望还得着更周密完备的计划，以解决这青年烦闷的问题，则中国解放运动的前途，可以免了许多的危险和牺牲了。

（一）唯美的眼光

唯美的眼光，就是我们把世界上社会上各种现象，无论美的、丑的、可恶的、龌龊的、伟丽的自然生活，以及鄙俗的社会生活，都把他当作一种艺术品看待——艺术品中本有表写丑恶的现象的——因为我们观览一个艺术品的时候，小己的哀乐烦闷都已停止了，心中就得着一种安慰，一种宁静，一种精神界的愉乐。我们若把社会上可恶的事件当作一个艺术品观，我们的厌恶心就淡了，我们对于一种烦闷的事件作艺术的观察，我们的烦闷也就消了。所以，古时悲观的哲学家，就把人世，看做一半是"悲剧"，一半是"滑稽剧",这虽是他悲观的人生观,但也正是他的艺术的眼光,为他自己解嘲。但我们却不必做这种消极的、悲观的人生观。我们要持纯粹的唯美主义,在一切丑的现象中看出他的美来,在一切无秩序的现象中看出他的秩序来,以减少我们厌恶烦恼的心思,排遣我们烦闷无聊的生活。

这还是消极的一方面说。积极的方面,也还有许多的好处:

(A) 我们常时作艺术的观察,又常同艺术接近,我们就会渐渐地得着一种超小己的艺术人生观。这种艺术人生观就是把"人生生活"当作一种"艺术"看待,使他优美、丰富、有条理、有意义。总之,就是把我们的一生生活,当作一个艺术品似的创造。这种"艺术式的人生",也同一个艺术品一样,是个很有价值、有意义的人生。有人说,诗人歌德(Goethe)的人生(Life),比他的诗还有价值,就是因为他的人生同一个高等艺术品一样,是很优美、很丰富、有意义、有价值的。

(B) 我们持了唯美主义的人生观,消极方面可以减少小己的烦闷和痛苦,而积极的方面,又可以替社会提倡艺术的教育和艺术的创造。艺术教育,可以高尚社会人民的人格。艺术品是人类高等精神文化的表示,这两种的贡献,也就不算小的了。

总之,唯美主义,或艺术的人生观,可算得青年烦闷解救法之一种。

(二)研究的态度

怎样叫做研究的态度?当我们遇着一个困难或烦闷的事情的

时候，我们不要就计较他对于切己的利害，以致引起感情的刺激，神经的昏乱，而平心静气，用研究的眼光，分析这事的原委、因果和真相，知这事有他的远因、近因，才会产生这不得不然的结果，我们对于这切己重大的事，就会同科学家对于一个自然对象一样，只有支配处置的手续，没有烦闷喜怒的感情了。

譬如现在的青年，对于社会上窳败的制度，政治上不良的现象，都用这种研究眼光去考察，不作一时的感情冲动，知道现在社会的黑暗罪恶是千百年来积渐而成，我们对他只当细筹改造的方法，不当抱盲目的悲观，或过激的愿望，那时，青年因政治社会而生的烦闷，一定可以减去不少。因这客观研究事实是不含痛苦的，是排遣烦闷的，而同时于事实上有极大的利益。

所以，研究的眼光和客观的观察，也是青年烦闷解救法的一种。

（三）积极的工作

我们人生的生活，本来就是"工作"。无工作的人生，是极无聊赖的人生，是极烦闷的人生。有许多青年的烦闷，就是为着没有正当适宜的工作而产生的。试看那些资本家的子弟，终日游荡，没有一个一定的工作，虽是生活无虑，总是烦闷得很，无聊得很，终日汲汲地寻找消遣排闷的方法。所以，我以为，正当的积极的"工作"，是青年解救烦闷与痛苦的最好方法。青年最危险的时候，就是完全没有工作的时候。这时候，最容易发生幻想、烦闷、悲观、无聊。

　　至于工作，有精神的和肉体的。这两种中任择一种，就可以解除青年的烦闷。但是，做精神工作的，不可不当附带做点肉体的工作，以维持他的健康。

　　以上是我一时的感想，粗略得很。不过想借此引起诸君对于这黎明运动时代青年最易发生烦闷的问题，稍稍注意，商量个周密的解救办法。

美与艺术

论文艺的空灵与充实[①]

　　周济（止庵）《宋四家词选》里论作词云："初学词求空，空则灵气往来！既成格调，求实，实则精力弥满。"

　　孟子曰："充实之谓美。"

　　从这两段话里可以建立一个文艺理论，试一述之：先看文艺是什么？画下面一个图来说明：

　　① 原载《文艺月刊》1943 年 5 月号。又刊《观察》第 1 卷第 6 期，1946 年 10 月 5 日出版。

精 神 生 活
(真)　(善)　(美)

宗教　艺术　哲学

民　文
族　化

行　政治社会经济　　科学研究　知

技　术

物 质 基 础

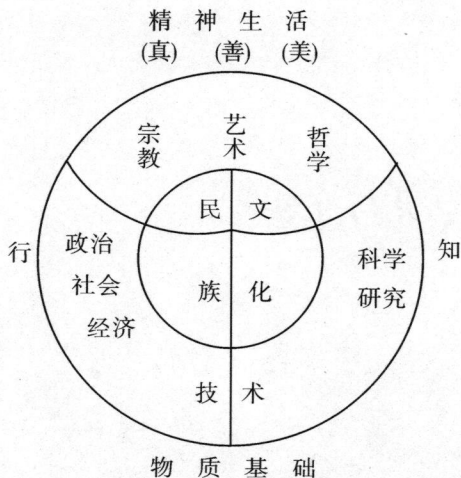

　　一切生活部门都有技术方面，想脱离苦海求出世间法的宗教家，当他修行证果的时候，也要有程序、步骤、技术，何况物质生活方面的事件？技术直接处理和活动的范围是物质界。它的成绩是物质文明，经济建筑在生产技术的上面，社会和政治又建筑在经济上面。然经济生产有待于社会的合作和组织，社会的推动和指导有待于政治力量。政治支配着社会，调整着经济，能主动，不必尽为被动的。这因果作用是相互的。政与教又是并肩而行，领导着全体的物质生活和精神生活。古代政教合一，政治的领袖往往同时是大教主、大祭师。现代政治必须有主义做基础，主义是现代人的宇宙观和信仰。然而信仰已经是精神方面的事，从物质界、事务界伸进精神界了。

　　人之异于禽兽者有理性、有智慧，他是知行并重的动物。知识研究的系统化、成科学。综合科学知识和人生智慧建立宇宙观、人生观，就是哲学。

哲学求真，道德或宗教求善，介乎二者之间表达我们情绪中的深境和实现人格的谐和的是"美"。

文学艺术是实现"美"的。文艺从它左邻"宗教"获得深厚热情的灌溉，文学艺术和宗教携手了数千年，世界最伟大的建筑雕塑和音乐多是宗教的。第一流的文学作品也基于伟大的宗教热情。《神曲》代表着中古的基督教。《浮士德》代表着近代人生的信仰。

文艺从它的右邻"哲学"获得深隽的人生智慧、宇宙观念，使它能执行"人生批评"和"人生启示"的任务。

艺术是一种技术，古代艺术家本就是技术家（手工艺的大匠）。现代及将来的艺术也应该特重技术。然而他们的技术不只是服役于人生（像工艺），而是表现着人生，流露着情感个性和人格的。

生命的境界广大，包括着经济、政治、社会、宗教、科学、哲学。这一切都能反映在文艺里。然而文艺不只是一面镜子，映现着世界，且是一个独立的自足的形象创造。它凭着韵律、节奏、形式的和谐、彩色的配合，成立一个自己的有情有象的小宇宙；这宇宙是圆满的、自足的，而内部一切都是必然性的，因此是美的。

文艺站在道德和哲学旁边能并立而无愧。它的根基却深深地植根在时代的技术阶段和社会政治的意识上面，它要有土腥气，要有时代的血肉，纵然它的头绪伸进精神的光明的高超的天空，指示着生命的真谛，宇宙的奥境。

文艺境界的广大，和人生同其广大；它的深邃，和人生同其深邃，这是多么丰富、充实！孟子曰："充实之谓美。"这话当作如是观。

然而它又需超凡入圣，独立于万象之表，凭它独创的形象，范铸一个世界，冰清玉洁，脱尽尘滓，这又是何等的空灵？

空灵和充实是艺术精神的两元，先谈空灵！

一、空　灵

艺术心灵的诞生，在人生忘我的一刹那，即美学上所谓"静照"。静照的起点在于空诸一切，心无挂碍，和世务暂时绝缘。这时一点觉心，静观万象，万象如在镜中，光明莹洁，而各得其所，呈现着它们各自的充实的、内在的、自由的生命，所谓"万物静观皆自得"。这自得的、自由的各个生命在静默里吐露光辉。

苏东坡诗云：

> 静故了群动，空故纳万境。

王羲之云：

> 在山阴道上行，如在镜中游。

空明的觉心，容纳着万境，万境浸入人的生命，染上了人的心灵。所以周济说："初学词求空，空则灵气往来。"灵气往来是物象呈现着灵魂生命的时候，是美感诞生的时候。

所以美感的养成在于能空，对物象造成距离，使自己不沾不滞，物象得以孤立绝缘，自成境界：舞台的帘幕，图画的框廓，雕像的石座，建筑的台阶、栏杆，诗的节奏、韵脚，从窗户看山水、黑夜笼罩下的灯火街市、明月下的幽淡小景，都是在距离化、间隔化条件下诞生的美景。

李方叔词《虞美人·过拍》云："好风如扇雨如帘，时见岸花汀草涨痕添。"

李商隐词："画檐簪柳碧如城，一帘风雨里，过清明。"

风风雨雨也是造成间隔化的好条件，一片烟水迷离的景象是诗境，是画意。

中国画堂的帘幕是造成深静的词境的重要因素，所以词中常爱提到。韩持国词云：

燕子渐归春悄，帘幕垂清晓。

况周颐评之曰："境至静矣，而此中有人，如隔蓬山，思之思之，遂由静而见深。"

董其昌曾说："摊烛下作画，正如隔帘看月，隔水看花！"他们懂得"隔"字在美感上的重要。

然而这还是依靠外界物质条件造成的"隔"。更重要的还是心灵内部方面的"空"。司空图《诗品》里形容艺术的心灵当如"空潭泻春，古镜照神"，形容艺术人格为"落花无言，人淡如菊"，"神出古异，淡不可收"。艺术的造诣当"遇之匪深，即之愈稀"，"遇之自天，泠然希音"。

精神的淡泊，是艺术空灵化的基本条件。欧阳修说得最好："萧条淡泊，此难画之意，画家得之，览者未必识他。故飞动迟速，意浅之物易见，而闲和严静，趣远之心难形。"萧条淡泊，闲和严静，是艺术人格的心襟气象。这心襟，这气象能令人"事外有远致"，艺术上的神韵油然而生。陶渊明所爱的"素心人"，指的是这境界。他的一首《饮酒》诗更能表出诗人这方面的精神形态：

> 结庐在人境，而无车马喧。
> 问君何能尔，心远地自偏。
> 采菊东篱下，悠然见南山。
> 山气日夕佳，飞鸟相与还。
> 此中有真意，欲辨已忘言。

陶渊明爱酒，晋人王蕴说："酒正使人人自远。""自远"是心灵内部的距离化。

然而"心远地自偏"的陶渊明才能"悠然见南山"，并且体会到"此中有真意，欲辨已忘言"。可见艺术境界中的"空"并不是真正的空，乃是由此获得"充实"，由"心远"接近到"真意"。

晋人王荟说得好，"酒正引入著胜地"，这使人人自远的酒正能引人著胜地。这胜地是什么？不正是人生的广大、深邃和充实？于是谈"充实"！

二、充　实

尼采说艺术世界的构成由于两种精神：一是"梦"，梦的境界是无数的形象（如雕刻）；一是"醉"，醉的境界是无比的豪情（如音乐）。这豪情使我们体验到生命里最深的矛盾、广大的复杂的纠纷；"悲剧"是这壮阔而深邃的生活的具体表现。所以西洋文艺顶推重悲剧。悲剧是生命充实的艺术。西洋文艺爱气象宏大、内容丰满的作品。荷马、但丁、莎士比亚、塞万提斯、歌德，直到近代的雨果、巴尔扎克、斯丹达尔、托尔斯泰等，莫不启示一个悲壮而丰实的宇宙。

歌德的生活经历着人生各种境界，充实无比。杜甫的诗歌最为沉着深厚而有力；也是由于生活经验的充实和情感的丰富。

周济论词空灵以后主张："求实，实则精力弥满。精力弥满则能赋情独深，冥发妄中，虽铺叙平淡，摹绘浅近，而万感横集，五中无主，读其篇者，临渊窥鱼，意为鲂鲤，中宵惊电，罔识东西，赤子随母啼笑，乡人缘剧喜怒。"这话真能形容一个内容充实的创作给我们的感动。

司空图形容这壮硕的艺术精神说："天风浪浪，海山苍苍。真力弥满，万象在旁。""返虚入浑，积健为雄。""生气远出，不著死灰。妙造自然，伊谁与裁。""是有真宰，与之浮沉。""吞吐大荒，由道反气。""与道适往，著手成春。""行神如空，行气如虹!"艺术家精力充实，气象万千，艺术的创造追随真宰的创造。

> 黄子久（元代大画家）终日只在荒山乱石、丛木深篠中坐，意态忽忽，人不测其为何。又每往泖中通海处看急流轰浪，虽风雨骤至，水怪悲诧而不顾。

他这样沉酣于自然中的生活，所以他的画能"沉郁变化，与造化争神奇"。六朝时宗炳曾论作画云"万趣融其神思"，不是画家丰富心灵的写照吗？

中国山水画趋向简淡，然而简淡中包具无穷境界。倪云林画一树一石，千岩万壑不能过之。恽南田论元人画境中所含丰富幽深的生命，说得最好：

> 元人幽秀之笔，如燕舞飞花，揣摹不得；如美人横波微盼，光采四射，观者神惊意丧，不知其何以然也。元人幽亭秀木自在化工之外一种灵气。惟其品若天际冥鸿，故出笔便如哀弦急管，声情并集，非大地欢乐场中可得而拟议者也。

哀弦急管，声情并集，这是何等繁富热闹的音乐，不料能在元人一树一石、一山一水中体会出来，真是不可思议。元人造诣之高和南田体会之深，都显出中国艺术境界的最高成就！然而元人幽淡的境界背后，仍潜隐着一种宇宙豪情。南田说："群必求同，求同必相叫，相叫必于荒天古木，此画中所谓意也。"

相叫必于荒天古木，这是何等沉痛超迈深邃热烈的人生情调与宇宙情调！这是中国艺术心灵里最幽深、悲壮的表现了罢！

叶燮在《原诗》里说："可言之理，人人能言之，安在诗人之言之；可征之事，人人能述之，又安在诗人之述之，必有不可言之理，不可述之事，遇之于默会意象之表，而理与事无不灿然于前者也。"

这是艺术心灵所能达到的最高境界！由能空、能舍，而后能深、能实，然后宇宙生命中一切理一切事，无不把它的最深意义灿然呈露于前。"真力弥满"，则"万象在旁"，"群籁虽参差，适我无非新"（王羲之诗）。

总上所述，可见中国文艺在空灵与充实两方都曾尽力，达到极高的成就。所以中国诗人尤爱把森然万象映射在太空的背景上，境界丰实空灵，像一座灿烂的星天！

王维诗云："徒然万象多，澹尔太虚缅。"

韦应物诗云："万物自生听，大空恒寂寥。"

中国艺术表现里的虚和实^①

先秦哲学家荀子是中国第一个写了一篇较有系统的美学论文——《乐论》的人。他有一句话说得极好，他说："不全不粹不足以谓之美。"这话运用到艺术美上就是说：艺术既要极丰富地全面地表现生活和自然，又要提炼地去粗存精，提高、集中，更典型、更具普遍性地表现生活和自然。

由于"粹"，由于去粗存精，艺术表现里有了"虚"，"洗尽尘滓，独存孤迥"（恽南田语）。由于"全"，才能做到孟子所说的"充实之谓美，充实而有光辉之谓大"。"虚"和"实"辩证的统一，才能完成艺术的表现，形成艺术的美。

但"全"和"粹"是相互矛盾的。既去粗存精，那就似乎不

---

① 原载《文艺报》1961 年第 5 期。

全了，全就似乎不应"拔萃"。又全又粹，这不是矛盾吗？

然而只讲"全"而不顾"粹"，这就是我们现在所说的自然主义；只讲"粹"而不能反映"全"，那又容易走上抽象的形式主义的道路；既粹且全，才能在艺术表现里做到真正的"典型化"，全和粹要辩证地结合、统一，才能谓之美，正如荀子在两千年前所正确地指出的。

清初文人赵执信在他的《谈艺录》序言里有一段话很生动地形象化地说明这全和粹、虚和实辩证的统一才是艺术的最高成就。他说：

> 钱塘洪昉思（按即洪昇，《长生殿》曲本的作者）久于新城（按即王渔洋，提倡诗中神韵说者）之门矣。与余友。一日在司寇（渔洋）论诗，昉思嫉时俗之无章也，曰："诗如龙然，首尾鳞鬣，一不具，非龙也。"司寇哂之曰："诗如神龙，见其首不见其尾，或云中露一爪一鳞而已，安得全体？是雕塑绘画耳！"余曰："神龙者，屈伸变化，固无定体，恍惚望见者第指其一鳞一爪，而龙之首尾完好固宛然在也。若拘于所见，以为龙具在是，雕绘者反有辞矣！"

洪昉思重视"全"而忽略了"粹"，王渔洋依据他的神韵说看重一爪一鳞而忽视了"全体"；赵执信指出一鳞一爪的表现方式要能显示龙的"首尾完好宛然存在"。艺术的表现正在于一鳞一爪具有象征力量，使全体宛然存在，不削弱全体丰满的内容，把它们概括在一鳞一爪里。提高了，集中了，一粒沙里看见一个世界。这是中国艺术传统中的现实主义的创作方法，不是自然主义的，也不是形式主义的。

但王渔洋、赵执信都以轻视的口吻说着雕塑绘画，好像它们只是自然主义地刻画现实。这是大大的误解。中国大画家所画的龙正是像赵执信所要求的，云中露出一鳞一爪，却使全体宛然可见。

中国传统的绘画艺术很早就掌握了这虚实相结合的手法。例如近年出土的晚周帛画凤夔人物、汉石刻人物画、东晋顾恺之《女史箴图》、唐阎立本《步辇图》、宋李公麟《免胄图》、元颜辉《钟馗出猎图》、明徐渭《驴背吟诗》，这些赫赫名迹都是很好的例子。我们见到一片空虚的背景上突出地集中地表现人物行动姿态，删略了背景的刻画，正像中国舞台上的表演一样（汉画上正有不少舞蹈和戏剧表演）。

关于中国绘画处理空间表现方法的问题，清初画家笪重光在他的一篇《画筌》（这是中国绘画美学里的一部杰作）里说得很好，而这段论画面空间的话，也正相通于中国舞台上空间处理的方式。他说：

> 空本难图，实景清而空景现。神无可绘，真境逼而神境生。位置相戾，有画处多属赘疣。虚实相生，无画处皆成妙境。

　　这段话扼要地说出中国画里处理空间的方法，也叫人联想到中国舞台艺术里的表演方式和布景问题。中国舞台表演方式是有独创性的，我们愈来愈见到它的优越性。而这种艺术表演方式又是和中国独特的绘画艺术相通的，甚至也和中国诗中的意境相通（我在 1949 年写过一篇《中国诗画中所表现的空间意识》）。中国舞台上一般地不设置逼真的布景（仅用少量的道具桌椅等）。老艺人说得好："戏曲的布景是在演员的身上。"演员结合剧情的发展，灵活地运用表演程式和手法，使得"真境逼而神境生"。演员集中精神用程式手法、舞蹈行动，"逼真地"表达出人物的内心情感和行动，就会使人忘掉对于剧中环境布景的要求，不需要环境布景阻碍表演的集中和灵活，"实景清而空景现"，留出空虚来让人物充分地表现剧情，剧中人和观众精神交流，深入艺术创作的最深意趣，这就是"真境逼而神境生"。这个"真境逼"是在现实主义的意义里的，不是自然主义里所谓逼真。这是艺术所启示的真，也就是"无可绘"的精神的体现，也就是美。"真""神""美"在这里是一体。

　　做到了这一点，就会使舞台上"空景"的"现"，即空间的构成，不须借助于实物的布置来显示空间，恐怕"位置相戾，有画处多属赘疣"，排除了累赘的布景，可使"无景处都成妙境"。例如川剧《刁窗》一场中虚拟的动作既突出了表演的"真"，又同时显示了手势的"美"，因"虚"得"实"。《秋江》剧里船翁一支桨和陈妙常的摇曳的舞姿可令观众"神游"江上。八大山人画一条生动的鱼在纸上，别无一物，令人感到满幅是水。我最近看到故宫陈列齐白石画册里一幅上画一枯枝横出，站立一鸟，别无所有，但用笔的神妙，令人感到环绕这鸟的是一无垠的空间，和天际群星相接应，真是一片"神境"。

中国传统的艺术很早就突破了自然主义和形式主义的片面性，创造了民族的独特的现实主义的表达形式，是真和美、内容和形式高度地统一起来。反映这艺术发展的美学思想也具有独创的宝贵的遗产，值得我们结合艺术的实践来深入地理解和汲取，为我们从新的生活创造新的艺术形式提供借鉴和营养资料。

中国的绘画、戏剧和中国另一特殊的艺术——书法，具有着共同的特点，这就是它们里面都是贯穿着舞蹈精神（也就是音乐精神），由舞蹈动作显示虚灵的空间。唐朝大书法家张旭观看公孙大娘剑器舞而悟书法，吴道子画壁请裴将军舞剑以助壮气。而舞蹈也是中国戏剧艺术的根基。中国舞台运动在二千年的发展中形成一种富有高度节奏感和舞蹈化的基本风格，这种风格既是美的，同时又能表现生活的真实，演员能用一两个极洗练而又极典型的姿势，把时间、地点和特定情景表现出来。例如"趟马"这个动作，可以使人看出有一匹马在跑，同时又能叫人觉得是人骑在马上动，是在什么情境下骑着的。如果一个演员在趟马时"心中无马"，光在那里卖弄武艺，卖弄技巧，那他的动作就是程式主义的了。——我们的舞台动作，确是能通过高度的艺术真实，表现出生活的真实的。也证明这是几千年来，一代又一代的，经过广大人民运用他们的智慧，积累而成的优秀的民族表现形式。如果想一下子取消这种动作，代之以纯现实的，甚至是自然主义的做工，那就是取消民族传统，取消戏曲。

中国艺术上这种善于运用舞蹈形式，辩证地结合着虚和实，这种独特的创造手法也贯穿在各种艺术里面。大而至于建筑，小而至于印章，都是运用虚实相生的审美原则来处理，而表现出飞舞生动的气韵。《诗经》里《斯干》那首诗里赞美周宣王的宫室时就是拿舞的姿势来形容这建筑，说它"如跂斯翼，如矢斯棘，如鸟斯革，如翚斯飞"。

由舞蹈动作伸延，展示出来的虚灵的空间，是构成中国绘画、书法、戏剧、建筑里的空间感和空间表现的共同特征，而造成中国艺术在世界上的特殊风格。它是和西洋从埃及以来所承受的几何学的空间感有不同之处。研究我们古典遗产里的特殊贡献，可以有助于人类的美学探讨和艺术理解的进展。

中国艺术意境之诞生①

龚定庵在北京，对戴醇士说："西山有时渺然隔云汉外，有时苍然堕几榻前，不关风雨晴晦也！"西山的忽远忽近，不是物理上的远近，乃是心中意境的远近。

方士庶在《天慵庵随笔》里说："山川草木，造化自然，此实境也。因心造境，以手运心，此虚境也。虚而为实，是在笔墨有无间——故古人笔墨具此山苍树秀，水活石润，于天地之外，别构一种灵奇。或率意挥洒，亦皆炼金成液，弃滓存精，曲尽蹈虚揖影之妙。"中国绘画的整个精粹在这几句话里。

恽南田题唐洁庵的画说："谛视斯境，一草一树，一丘一壑，皆洁庵灵想之所独辟，总非人间所有。其意象在六合之表，荣落

---

① 原刊于《时事潮文艺》创刊号，1943年3月。

在四时之外。将以尻轮神马，御泠风以游无穷。真所谓藐姑射之山，汾水之阳，尘垢秕糠，绰约冰雪。时俗龌龊，又何能知洁庵游心之所在哉!"

画家诗人"游心之所在"，就是他独辟的灵境，创造的意象，作为他艺术创作的中心之中心。

什么是意境? 唐代大画家张璪论画有两句话："外师造化，中得心源。"造化和心源的凝合，成了一个有生命的结晶体，鸢飞鱼跃，剔透玲珑，这就是"意境"，一切艺术的中心之中心。

意境是造化与心源的合一。就粗浅方面说，就是客观的自然景象和主观的生命情调的交融渗化。(但在音乐和建筑里，人类都创造非自然的景象，以表心中最深的意境。)

瑞士思想家阿米尔（Amiel）说："一片自然风景是一个心灵的境界。"

石涛说："山川使予代山川而言也。……山川与予神遇而迹化也。"这说明"意境"的意义。

王荆公有一首诗：

> 杨柳鸣蜩绿暗，荷花落日红酣。
> 三十六陂春水，白头相见江南。

前三句全是写景。江南的艳丽的阳春，但到了末一句，全部景象遂笼罩上，啊，渗透进，一层无边的哀感，回忆的愁思，和重逢的忻慰。情景交织，成了一首绝美的"诗"。

元人马东篱有一首著名的《天净沙》小令：

枯藤老树昏鸦，小桥流水人家，
古道西风瘦马，夕阳西下——
断肠人在天涯！

也是前四句完全写景，着了末一句写情，全篇"点化"成一片哀愁寂寞、宇宙荒寒、怅触无边的诗境。

情和景交融互渗，因而发掘出最深的情，一层比一层更深的情，同时也透入了最深的景，一层比一层更透明的景。

景中全是情，情具象而为景，因而展现了一个独特的宇宙，崭新的境象，为人类增加了丰富，替世界开辟了新景。恽南田所谓"皆灵想之所独辟，总非人间所有！"这是我的所谓"意境"。

现在再引述一些我们先辈艺人的话来证实我的说法：

宋画家郭熙《林泉高致》里说："欲夺其造化，则莫神于好，莫精于勤，莫大于饱游饫看。历历罗列于胸中，而目不见绢素，手不知笔墨，磊磊落落，杳杳漠漠，莫非吾画。"

意境是使客观景象作我主观情思的注脚。我人心中情思起伏，波澜变化，仪态万千，不是一个固定的物象轮廓能够如量表出，只有大自然的全幅生动的山川草木，云烟明晦，才足以象征我们的胸襟，灵感气韵；恽南田题画说："写此云山绵邈，代致相思，笔端丝粉，皆清泪也。"山水成为抒情的媒介，所以中国的画和诗，都爱以山水境界做表现和咏味的中心。

元人汤采真说："山水之为物，禀造化之秀，阴阳晦暝，晴雨寒暑，朝昏昼夜，随形改步，有无穷之趣，自非胸中丘壑，汪汪洋洋，如万顷波，未易摹写。"

薛冈《天爵堂笔记》里说得好："画中，山水义理深远，而意趣无穷，故文人之画，山水常多。若人物、禽虫、花草，多出画工，虽至精妙，一览易尽。"

宋代画家米芾曰："大略人物牛马，一模便似，山水摹皆不成。山水心匠自得处高也。"山水变化无定形，可供心中意境的独创，所以中国画家偏爱山水题材。

徐沁说："能以笔墨之妙开拓胸襟而与造化争奇者，莫若山水，当烟云灭没，泉石幽深，随所寓而发之，悠然会心，俱成天趣。非若体貌他物者殚心毕智以求形似，规规乎游方之内也。"

杜东原说："绘画之事，胸中造化，吐露于笔端，恍惚变化，象其物宜。是以启人之高志，发人之浩气。"

启人之高志，发人之浩气，展开我们音乐的灵魂，无尽藏的心源，只有山水的变幻灵奇是一种适当的象征素材，用来建造我们胸中的意境。这是中国山水画山水诗特别发达的原因。董其昌说得好："诗以山川为境，山川亦以诗为境。"山川和诗的凝结是中国艺术灵魂的深处。《诗纬》云："诗者天地之心。"

艺术意境的诞生，归根结底，在于人的性灵中。沈颢《画麈》里说："称性之作，直操玄化。盖缘山川大地，器类群生，皆自性现。其间卷舒取舍，如太虚片云，寒塘雁迹而已。"这话探入中国人创造心灵的微妙境地。

　　这微妙的境地不是机械的学习和探试可以获得，而是在一切天机的培养，在活泼泼的天机飞跃而又凝神寂照的体验中突然涌现出来的。

　　石涛说："山水真趣，须是入野看山时，见他或真或幻，是我笔头灵气，下笔时他人寻起止不可得。"

　　吴墨井说："元人择僻静之地，结构层楼为画所；朝起看四山烟云变幻。得一新境，便欣然落墨，大都如草书法，惟写胸中逸气耳。一树一石，迥然不同。"

　　"南唐董源写江南山，用笔甚草草，近视之几不类物象，远视之则景物灿然，幽情远思，如睹异境。"（沈括《梦溪笔谈》）

　　"幽情远思，如睹异境"，这是一切真画真诗必有的成就，没有幽情远思，何来异境？所以，艺术家首重人格底素养，以待灵感之来临。

　　宋画家米友仁自题其《云山得意图卷》云："画之老境，于世海中一毛发事泊然无着染。每静室僧趺，忘怀万虑，与碧虚寥廓同其流。"

　　而元代画家黄子久则于倜傥雄奇的生活姿态中，获得动荡跌宕的画境。

　　李日华云："黄子久终日只在荒山乱石，丛木深篠中坐，意态忽忽，人不测其为何。又每往泖中通海处看急流轰浪，虽风雨骤至，水怪悲诧而不顾。"

　　这是"达阿理索式（Dionysius）的艺术理论，然而明代顾凝远所说却偏向阿波罗精神："当兴致未来时，腕不能运，时径情独往，无所触则已；或枯槎顽石，勺水疏林，如造化所弃置，与人装点绝殊，则深情冷眼求其幽意之所在，而画之生意出矣。"艺术家在幽静中的心灵活跃，尤为元人画境诞生的源泉。黄子久每教人作深潭，以杂树瀹之，其造境可想。

然而意境的涌出，也未尝不能由人工的步骤帮助它的实现。

宋画家宋迪论作山水画："先当求一败墙，张绢素讫，朝夕视之。既久，隔素见败墙之上，高下曲折，皆成山水之象，心存目想：高者为山，下者为水，坎者为谷，缺者为涧，显者为近，晦者为远。神领意造，恍然见人禽草木飞动往来之象，了然在目，则随意命笔，默以神会，自然景皆天就，不类人为，是谓活笔。"

李日华说："凡画有三层次：一曰身之所容；凡置身处非邃密，即旷朗水边林下，多景所凑处是也。（按：此为身边近景。）二曰目之所瞩；或奇胜，或渺迷，泉落云生，帆移鸟去是也。（按：此为无尽空间之远景。）然又有意有所忽处，如写一树一石，必有草草点染取态处。（按：此为有限中见取无限，传神写生之境。）写长景必有意到笔不到，为神气所吞处，是非有心于忽，盖不得不忽也。（按：此为借有限以表现无限，造化与心源合一，一切形象都形成了象征境界。）其于佛法相宗所云极迥色极略色之谓也。"于是绘画成了最高的禅境表现了。

如冠九《都转心庵词》序里说：

"'明月几时有'词而仙者也。'吹皱一池春水'词而禅者也。仙不易学而禅可学。学矣而非栖神幽遐，涵趣寥旷，通拈花之妙悟，穷非树之奇想，则动而为沾滞之音矣。其何以澄观一心而腾踔万象。是故词之为境也，空潭印月，上下一澈，屏知识也。清馨出尘，妙香远闻，参净因也。鸟鸣珠箔，群花自落，超圆觉也。"

澄观一心而腾踔万象，是意境创造的始基，鸟鸣珠箔，群花自落，是意境表现的圆成。

意境的表现可有三层次：从直观感相的渲染，生命活跃的传达，到最高灵境的启示。蔡小石《拜石词》序里说得好：

"夫意以曲而善托，调以杳而弥深。始读之则万萼春深，百色妖露，积雪缟地，余霞绮天，一境也。（这是直观感相的渲染。）再读之则烟涛澒洞，霜飙飞摇，骏马下坡，泳鳞出水，又一境也。（这是活跃生命的传达。）卒读之而皎皎明月，仙仙白云，鸿雁高翔，坠叶如雨，不知其何以冲然而澹，翛然而远也。"（这是最高灵境的启示。）江顺贻评之曰："始境，情胜也。又境，气胜也。终境，格胜也。"

所以艺术意境的创成，既须得屈原的缠绵悱恻，又须得庄子的超旷空灵。缠绵悱恻，才能一往情深，深入万物的核心，所谓"得其环中"。超旷空灵，才能如镜中花，水中月，羚羊挂角，无迹可寻，所谓"超以象外"。色即是空，空即是色，色不异空，空不异色，这不但是盛唐人的诗境，也是宋元人的画境。[①]

————————

① 关于"中西画法所表现的空间意识"，见同题拙文，刊载滕固编《中国艺术论丛》，商务版。——原注

戴醇士①云："恽南田以'落叶聚还散，寒鸦栖复惊,'（李白诗句）品一峰（黄子久）笔，是所谓孤蓬自振，惊沙坐飞，画也而几乎禅矣!"禅是动中的极静，也是静中的极动，寂而常照，照而常寂，动静不二，直探生命的本原。禅是中国人性接触佛教大乘义后体认到自己心灵的深处，而灿烂地发挥到哲学境界与艺术境界。静穆的观照和飞跃的生命构成艺术的二元，大概也是构成"禅"的心灵状态罢!

"道"，这形而上原理，和"艺"，能够体合无间。表现在《庄子》那段精彩的描写：

> 庖丁为文惠君解牛，手之所触，肩之所倚，足之所履，膝之所踦，砉然响然，奏刀騞然，莫不中音。合于桑林之舞，乃中经首（尧乐章）之会（节也）。文惠君曰："嘻，善哉!技盖至此乎?"庖丁释刀对曰："臣之所好者道也，进乎技矣。始臣之解牛之时，所见无非牛者；三年之后，未尝见全牛也；方今之时，臣以神遇而不以目视，官知止而神欲行。依乎天理，批大卻，导大窾，因其固然，技经肯綮之未尝，而况大軱乎!良庖岁更刀，割也；族庖月更刀，折也；今臣之刀十九年矣，所解数千牛矣，而刀刃若新发于硎。彼节者有间，而刀刃者无厚，以无厚入有间，恢恢乎其于游刃必有

① 即戴熙（1801—1860），清画家。字醇士，号榆庵，又号莼溪、松屏，自称井东居士、鹿林居士，钱塘（今杭州）人。

余地矣。是以十九年而刀刃若新发于硎。虽然，每至于族
（交错聚结处），吾见其难为，怵然为戒，视为止，行为迟，
动刀甚微，謋然已解，如土委地。提刀而立，为之四顾，为
之踌躇满志，善刀而藏之。"文惠君曰："善哉，吾闻庖丁之
言，得养生焉。"

"道"的生命和"艺"的生命，游刃于虚，莫不中音，合于
桑林之舞，乃中经首之会。音乐的节奏是它们的本体。所以儒家
哲学也说："大乐与天地同和，大礼与天地同节。"《易经》云：
"天地纲缊，万物化醇。"这生生的节奏是中国艺术境界的最后源
泉。石涛题画云："天地氤氲秀结，四时朝暮垂垂，透过鸿濛之
理，堪留百代之奇。"艺术家要在作品里把握天地境界！德国诗人
诺瓦理斯（Novalis）说："混沌的眼，透过秩序的网幕，闪闪地
发光。"石涛也说："在墨海中立定精神，笔锋下决出生活，尺幅
上换去毛骨，混沌里放出光明。"

艺术家经过"写实""传神"到"妙悟"境地，由于妙悟，
他们"透过鸿濛之理，堪留百代之奇"。这个使命是够伟大的！

那么艺术意境之表现于作品，就是透过秩序的网幕，使鸿濛
之理闪闪发光。这秩序的网幕，是由各个艺术家的意匠组织线、
点、光、色、形体、声音或文字成为有机谐和的艺术形式，以表
出意境。

因为这意境是艺术的独创，是从他最深的"心源"和"造
化"接触时突然的领悟和震动中诞生的，它不是一味客观的描绘，

像一照相机的摄影。所以艺术家要能拿特创的"秩序的网幕"来把住那真理的闪光。音乐和建筑的秩序结构，尤能直接地启示宇宙真体的内部和谐与节奏，所以一切艺术趋向音乐的状态，建筑的意匠。

中国画家面对着一张虚白的纸，在这片虚白上用篆意草情的线文，谱出宇宙万形里的音乐和诗境。照相机所摄万物形体的底层在纸上是构成一片黑影。物体轮廓内的纹理形象模糊不清。山上草树崖石不能生动地表出他们的脉络姿态。只在大雪之后，崖石轮廓林木枝干才能显出它们各自的奕奕精神性格，恍然见到画工的笔踪墨韵。雪在天地间灭没了万物的底层黑影，恍如铺垫了一层空白纸，使万物以嵯峨突兀的线纹轮廓呈露它们的绘画状态。所以中国画家爱写雪景（王维）！这里是天开图画。

中国画家面对这幅空白，不以底层黑影填实了物体的"面"，取消了空白，像西洋油画；却直接地在这一片虚白上挥毫运墨，用各式皱纹表出物的生命节奏。（石涛说："笔之于皴也，开生面也。"）同时借取书法中的草情篆意或隶体表达自己心中的韵律，所绘出的是心灵所直接领悟的物态天趣，造化和心灵的凝合。自由潇洒的笔墨，凭线纹的节奏，色彩的韵律，开径自行，养空而游，蹈光揖影，抟虚成实。[①]

庄子说："虚室生白。"又说："唯道集虚。"中国诗词文章里都着重这空中点染，抟虚成实的表现方法，使诗境、词境里面有

---

① 参看本文首段引方士庶语。——原注

空间，有荡漾，和中国画面具同样的意境结构。

中国特有的艺术——书法，尤能传达这空灵动荡的意境。唐张怀瓘在他的《书议》①里形容王羲之的用笔说："一点一画，意态纵横，偃亚中间，绰有余裕。然字峻秀，类于生动，幽若深远，焕若神明，以不测为量者，书之妙也。"这书法的妙境通于绘画，空灵中传出动荡，神明里透出幽深，超以象外，得其环中，是中国艺术的一切造境。

王船山在《诗绎》里说："论画者曰，咫尺有万里之势，一势字宜着眼。若不论势，则缩万里于咫尺，直是《广舆记》前一天下图耳。五言绝句以此为落想时第一义。唯盛唐人能得其妙。如'君家住何处，妾住在横塘，停船暂借问，或恐是同乡'。墨气所射，四表无穷，无字处皆其意也！"高日甫论画歌曰："即其笔墨所未到，亦有灵气空中行。"笪重光说："虚实相生，无画处皆成妙境。"正是这个意思。中国的诗词、绘画、书法里，表现着同样的意境结构，代表着中国人的宇宙意识。盛唐王、孟派的诗固多空花水月的禅境；北宋人词空中荡漾，绵渺无际；就是南宋词人姜白石的"二十四桥仍在，波心荡冷月无声"，周草窗的"看画船尽入西泠，闲却半湖春色"，也能以空虚衬托实景，墨气所射，四表无穷。但就它渲染的境象说，还是不及唐人绝句能"无字处皆其意"，更为高绝。中国人对"道"的体验，是"于空寂处见流行，于流行处见空寂"，唯道集虚，体用不二，这构成中

---

① 应为《评书药石论》。《书议》为误记。

国人的生命情调和艺术意境的实相。

王船山又说："工部（杜甫）之工在即物深致，无细不章。右丞（王维）之妙，在广摄四旁，圜中自显。"又说："右丞妙手能使在远者近，抟虚成实，则心自旁灵，形自当位。"

"心自旁灵"表现于"墨气所射，四表无穷"，"形自当位"，是"咫尺有万里之势"。"广摄四旁，圜中自显"，"使在远者近，抟虚成实"，这正是大画家大诗人王维创造意境的手法。

王船山论到诗中意境的创造，还有一段精深微妙的话，使我们领悟"中国艺术意境之诞生"的终极根据。他说："唯此窅窅摇摇之中，有一切真情在内，可兴可观，可群可怨，是以有取于诗。然因此而诗则又往往缘景缘事，缘以往缘未来，经年苦吟，而不能自道。以追光蹑影之笔，写通天尽人之怀，是诗家正法眼藏。""以追光蹑影之笔，写通天尽人之怀"，这两句话表出中国艺术的最后理想和最高的成就。唐、宋人诗词是这样，宋、元人的绘画也是这样。

尤其是在宋元人的山水花鸟画里，我们具体地欣赏到这"以追光蹑影之笔，写通天尽人之怀"。画家所写的自然生命，集中在一片无边的虚白上。空中荡漾着"视之不见，听之不闻，搏之不得"的"道"，老子名之为"夷""希""微"。在这一片虚白上幻现的一花一鸟、一树一石、一山一水，都负荷着无限的深意、无边的深情。（画家、诗人对万物一视同仁，往往很远的微小的一草一石，都用工笔画出，或在逸笔撇脱中表出微茫惨淡的意趣。）万物浸在光被四表的神的爱中，宁静而深沉。深，像在一和平的梦中，给予观者的感受是一澈透灵魂的安慰和惺惺的微妙的领悟。

中画的用笔，从空中直落，墨花飞舞，和画上虚白，融成一片，画境恍如"一片云，因日成彩，光不在内，亦不在外，既无轮廓，亦无丝理，可以生无穷之情，而情了无寄"（借王船山评王俭《春诗》绝句语）。中国画的光是动荡着全幅画面的一种形而上的、非写实的宇宙灵气的流行，贯彻中边，往复上下。古绢的黯然而光尤能传达这种神秘的意味。西洋传统的油画填没画底，不留空白，画面上动荡的光和气氛仍是物理的目睹的实质，而在中国画上画家用心所在，正在无笔墨处，无笔墨处却是缥缈天倪，化工境界。（即其笔墨所未到，亦有灵气空中行。）这种画面的构造是植根于中国心灵里葱茏絪缊，蓬勃生发的宇宙意识。王船山说得好："两间之固有者，自然之华，因流动生变而成绮丽，心目之所及，文情赴之，貌其本荣，如所存而显之，即以华奕照耀，动人无际矣！"这不是唐诗宋画给予我们的印象吗？近代文人的诗画笔境缺乏照人的光彩，动人的情致，丰富的意象，这是民族心灵一时枯萎的征象吗？

中国人爱在山水中设置空亭一所。戴醇士说："群山郁苍，群木荟蔚，空亭翼然，吐纳云气。"一座空亭竟成为山川灵气动荡吐纳的交点和山川精神聚积的处所。倪云林每画山水，多置空亭，他有"亭下不逢人，夕阳澹秋影"的名句。张宣题倪画《溪亭山色图》诗云："石滑岩前雨，泉香树杪风，江山无限景，都聚一亭中。"（唯道集虚）

空寂中生气流行，鸢飞鱼跃，是中国人艺术心灵与宇宙意象

"两镜相入"互摄互映的华严境界。倪云林有绝句最能写出此境：

> 兰生幽谷中，倒影还自照。
>
> 无人作妍媛，春风发微笑。

希腊神话里水仙之神（Narciss）临水自鉴，眷恋着自己的仙姿，无限相思，憔悴以死。中国的兰生幽谷，倒影自照，孤芳自赏，虽感空寂，却有春风微笑相伴，一呼一吸，宇宙息息相关，悦怿风神，悠然自足。（中西精神的差别相）

艺术的境界，既使心灵和宇宙净化，又使心灵和宇宙深化，使人在超脱的胸襟里体味到宇宙的深境。

唐朝诗人常建的《江上琴兴》一诗最能写出艺术（琴声）这净化深化的作用：

> 江上调玉琴，一弦清一心。
>
> 泠泠七弦遍，万木澄幽阴。
>
> 能使江月白，又令江水深。
>
> 始知梧桐枝，可以徽黄金。

中国文艺里意境高超莹洁，而具有壮阔幽深的宇宙意识生命情调的作品，也不可多见。我们可以举出宋人张于湖的一首词来，他的《念奴娇·过洞庭》词云：

洞庭青草，近中秋，更无一点风色。玉鉴琼田三万顷，著我扁舟一叶。素月分晖，明河共影，表里俱澄澈。悠然心会，妙处难与君说。

应念岭表经年，孤光自照，肝胆皆冰雪。短发萧疏襟袖冷，稳泛沧溟空阔。尽把西江，细斟北斗，万象为宾客。（对空间之超脱）叩舷独啸，不知今夕何夕！（对时间之超脱）

这真是："雪涤凡响，棣通太音，万尘息吹，一真孤露。"笔者自己也曾写过一首小诗，希望能传达中国心灵的宇宙情调，不揣陋劣，附在这里，藉供参证：

飙风天际来，绿压群峰暝。

云罅漏夕晖，光写一川冷。

悠悠白鹭飞，淡淡孤霞迥。

系缆月华生，万象浴清影。

——《柏溪夏晚归棹》

意境有它的深度、高度、阔度。杜甫诗的高、大、深，俱不可及。"吐弃到人所不能吐弃为高，含茹到人所不能含茹为大，曲折到人所不能曲折为深。"（刘熙载《评杜诗语》）叶梦得《石林诗话》里也说："禅家有三种语，老杜诗亦然。如'波漂菰米沉云黑，露冷莲房坠粉红'，为函盖乾坤语。'落花游丝白日静，鸣鸠乳燕青春深'，为随波逐浪语。'百年地僻柴门迥，五月江深草阁寒',为截断众流语。"函盖乾坤是大,随波逐浪是深,截断众流是高。李太白的诗也具有这高、深、大。但太白的情调较偏向于宇宙境象的大和高。太白登华山落雁峰,说:"此山最高,呼吸之气,想通帝座,恨不携谢朓惊人句来,搔首问青天耳!"(唐语林)杜甫则"直取性情真"(杜诗句),他更能以深情掘发人性的深度,他具有但丁的沉着的热情和歌德的具体表现力。

李、杜境界的高、深、大,王维的静远空灵,都植根于一个活跃的、至动而有韵律的心灵。承继这心灵,是我们深衷的喜悦。

中国古代绘画美学思想

　　美学的研究，虽然应当以整个的美的世界为对象，包含着宇宙美、人生美与艺术美；但向来的美学总倾向以艺术美为出发点，甚至以为是唯一研究的对象。因为艺术的创造是人类有意识地实现他的美的理想，我们也就从艺术中认识各时代、各民族心目中之所谓美。所以西洋的美学理论始终与西洋的艺术相表里，他们的美学以他们的艺术为基础。希腊时代的艺术给与西洋美学以"形式""和谐""自然模仿""复杂中之统一"等主要问题，至今不衰。文艺复兴以来，近代艺术则给与西洋美学以"生命表现"和"情感流露"等问题。而中国艺术的中心——绘画——则给予中国画学以"气韵生动""笔墨""虚实""阴阳明暗"等问题。将来的世界美学自当不拘于一时一地的艺术表现，而综合全世界古今的艺术理想，融合贯通，求美学上最普遍的原理而不轻忽各个个性的特殊风格。因为美与美术的源泉是人类最深心灵与他的环境世界接触相感时的波动。各个美术有它特殊的宇宙观与人生情绪为最深基础。中国的艺术与美学理论也自有它伟大独立的精神意义。所以中国的画学对将来的世界美学自有它特殊重要的贡献。

中国画中所表现的中国心灵究竟是怎样？它与西洋精神的差别何在？古代希腊人心灵所反映的世界是一个 Cosmos（宇宙）。这就是一个圆满的、完成的、和谐的、秩序井然的宇宙。这宇宙是有限而宁静。人体是这大宇宙中的小宇宙。他的和谐、他的秩序，是这宇宙精神的反映。所以希腊大艺术家雕刻人体石像以为神的象征。他的哲学以"和谐"为美的原理。文艺复兴以来，近代人生则视宇宙为无限的空间与无限的活动。人生是向着这无尽的世界作无尽的努力。所以他们的艺术如"哥特式"的教堂高耸入太空，意向无尽。大画家伦勃朗所写画像皆是每一个心灵活跃的面貌，背负着苍茫无底的空间。歌德的《浮士德》是永不停息的前进追求。近代西洋文明心灵的符号可以说是"向着无尽的宇宙作无止境的奋勉"。

中国绘画里所表现的最深心灵究竟是什么？答曰，它既不是以世界为有限的圆满的现实而崇拜模仿，也不是向一无尽的世界作无尽的追求，烦闷苦恼、彷徨不安。它所表现的精神是一种"深沉静默地与这无限的自然，无限的太空浑然融化，体合为一"。它所启示的境界是静的，因为顺着自然法则运行的宇宙是虽动而静的，与自然精神合一的人生也是虽动而静的。它所描写的对象，山川、人物、花鸟、虫鱼，都充满着生命的动——气韵生动。但因为自然是顺法则的（老、庄所谓道），画家是默契自然的，所以画幅中潜存着一层深深的静寂。就是尺幅里的花鸟、虫鱼，也都像是沉落遗忘于宇宙悠渺的太空中，意境旷邈幽深。至于山水画如倪云林的一丘一壑，简之又简，譬如为道，损之又损，所得着的是一片空明中金刚不灭的精粹。它表现着无限的寂静，也同时表示着是自然最深最后的结构。有如柏拉图的观念，纵然天地毁灭，此山此水的观念是毁灭不动的。

中国人感到这宇宙的深处是无形无色的虚空，而这虚空却是万物的源泉，万动的根本，生生不已的创造力。老、庄名之为"道"、为"自然"、为"虚无"，儒家名之为"天"。万象皆从空虚中来，向空虚中去。所以纸上的空白是中国画真正的画底。西洋油画先用颜色全部涂抹画底，然后在上面依据远近法或名透视法（Perspective）幻现出目睹手可捉摸的真景。它的境界是世界中有限的具体的一域。中国画则在一片空白上随意布放几个人物，不知是人物在空间，还是空间因人物而显。人与空间，融成一片，俱是无尽的气韵生动。我们觉得在这无边的世界里，只有这几个人，并不嫌其少。而这几个人在这空白的环境里，并不觉得没有世界。因为中国画底的空白在画的整个的意境上并不是真空，乃正是宇宙灵气往来，生命流动之处。笪重光说："虚实相生，无画处皆成妙境。"这无画处的空白正是老、庄宇宙观中的"虚无"。它是万象的源泉、万动的根本。中国山水画是最客观的，超脱了小己主观地位的远近法以写大自然千里山川。或是登高远眺云山烟景、无垠的太空、浑茫的大气，整个的无边宇宙是这一片云山的背景。中国画家不是以一区域具体的自然景物为"模特儿"，对坐而描摹之，使画境与观者、作者相对立。中国画的山水往往是一片荒寒，恍如原始的天地，不见人迹，没有作者，亦没有观者，纯然一块自然本体、自然生命。所以虽然也有阴阳明暗，远近大小，但却不是站立在一固定的观点所看见的 Plastic（造型的）形色阴影如西洋油画。西画、中画观照宇宙的立场与出发点根本不同。一是具体可捉摸的空间，由线条与光线表现（西洋油色的光彩使画境空灵生动。中国画颜色单纯而无光，不及油画，乃另求方法，于是以水墨渲染为重）。一是浑茫的太空无边的宇宙，此中景物有明暗而无阴影。有人欲融合中、西画法于一张画面的，结果无不失败，因为没有注意这宇宙立场的不同。清代的朗世宁、现代的陶冷月就是个例子（西洋印象派乃是写个人主观立场的印象，表现派是主观幻想情感的表现，而中国画是客观的自然生命，不能混为一谈）。中国画中不是没有作家个性的表现，他的心灵特性是早已全部化在笔墨里面。有时亦或寄托于一二人物，浑然坐忘于山水中间，如树如石如水如云，是大自然的一体。

所以中国宋元山水画是最写实的作品，而同时是最空灵的精神表现，心灵与自然完全合一。花鸟画所表现的亦复如是。勃莱克的诗句："一沙一世界，一花一天国。"真可以用来咏赞一幅精妙的宋人花鸟。一天的春色寄托在数点桃花，二三水鸟启示着自然的无限生机。中国人不是像浮士德"追求"着"无限"，乃是在一丘一壑、一花一鸟中发现了无限，表现了无限，所以他的态度是悠然意远而又怡然自足的。他是超脱的，但又不是出世的。他的画是讲求空灵的，但又是极写实的。他以气韵生动为理想，但又要充满着静气。一言蔽之，他是最超越自然而又最切近自然，是世界最心灵化的艺术（德国艺术学者 O. Fischer 的批评），而同时是自然的本身。表现这种微妙艺术的工具是那最抽象最灵活的笔与墨。笔墨的运用，神妙无穷，也是千余年来各个画家的秘密，无数画学理论所发挥的。我们在此地不及详细讨论了。

中国有数千年绘画艺术光荣的历史，同时也有自公元第五世纪以来精深的画学。谢赫的《六法论》综合前人的理论，奠定后来的基础。以后画家、鉴赏家论画的著作浩如烟海。此中的精思妙论不惟是将来世界美学极重要的材料，也是了解中国文化心灵最重要的源泉（现代徐悲鸿画家写有《废话》一书，发挥中国艺术的真谛，颇有为前人所未道的，尚未付刊）。但可惜断金碎玉散于各书，没有系统的整理。今幸有郑午昌先生著《中国画学全史》，二十余万字，综述中国绘画与画学的历史。黄憩园先生则将画法理论"分别部居，以类相比，勒为一书，俾天下学者治一书而诸书之粹义灿然在目"。两书帮助研究中国画理、画法很有意义。现在简单介绍于后，希望读者进一步看他们的原书。

郑午昌先生以五年的时间和精力来编纂《中国画学全史》。划分为四大时期，即（一）实用时期；（二）礼教时期；（三）宗教化时期；（四）文学化时期。除周秦以前因绘画幼稚，资料不足，无法叙述外，自汉迄清划代为章。每章分四节：（一）概况，概论一代绘画的源流、派别及其盛衰的状况；（二）画迹，举各家名迹之已为鉴赏家所记录或曾经著者目睹而确有价值者集录之；（三）画家，叙一时代绘画宗匠之姓名、爵里、生卒年月；（四）画论，博采画家、鉴赏家论画的学说。其后又有附录四：（一）历代关于画学之著述；（二）历代各地画家百分比例表；（三）历代各种绘画盛衰比例表；（四）近代画家传略。

此书合画史、画论于一炉，叙述详明，条理周密，文笔畅达，理论与事实并重，诚是一本空前的著作。读者若细心阅过，必能对世界文化史上这一件大事——中国的绘画（与希腊的雕刻和德国的音乐鼎足而三的）——有相当的了解与认识。

历史的综合的叙述固然重要，但若有人从这些过分丰富的材料中系统的提选出各问题，将先贤的画法理论分门别类，罗列摘录，使读者对中国绘画中各主要问题一目了然，而在每问题的门类中合观许多论家各方面的意见，则不惟研究者便利，且为将来中国美学原理系统化之初步。

黄憩园先生的《山水画法类丛》就是这样的一本书。他因为"古人论画之书，多详于画评、画史，而略于画法，本书则专谈画法，而不及画评、画史。根据各家学说，断以个人意见。"他这本书分上下篇，每篇分若干类，每类分若干段。每段各有题，以便读者检阅。上篇的内容列为五类：（一）局势——又分天地位置，远近大小，宾主，虚实等问题十四段；（二）笔墨——分名称，用笔轻重、繁简、用墨浓淡等问题二十四段；（三）景象——分明暗、阴暗，阴影、倒影等五段；（四）杂论——包含画品、画理、六法、十二忌、师古人与师自然、作画之修养、南北宗、西法之参用等问题共有二十九段。下篇则分画山、画石、皴染、画树、画云、画人等若干类。全书系统化的分类，惜乎著者没有说明其原理与标准，所以当然还有许多可以商榷改变的地方。但是著者用这分类的方法，概述千余年来的画法理论，实在是便于学国画及研究画理者。尤其是每一门中罗列各家相反不同的意见，使研究者不致偏向一方，而真理往往是由辩证的方式阐明的。

原载南京《图书评论》月刊第 1 卷第 2 期，

1932 年 10 月 1 日出版

中国古代音乐美学思想

一、关于《乐记》

中国古代思想家对于音乐，特别对于音乐的社会作用、政治作用，向来是十分重视的。早在先秦，就产生了一部在音乐美学方面带有总结性的著作，就是有名的《乐记》。

《乐记》提供了一个相当完整的体系，对后代影响极大。对于这本书的内容，郭沫若曾经作了详细的分析（参看《青铜时代》一书中《公孙尼子与其音乐理论》一文）。我们现在只想补充两点：

（一）《乐记》，照古籍记载，本来有二十三篇或二十四篇。前十一篇是现存的《乐记》，后十二篇是关于音乐演奏、舞蹈表演等方面技术的记载，《乐记》没有收进去，后来失传了，只留下了前十一篇关于理论的部分，这是一个损失。

为什么要提到这一点呢？是为了说明，中国古代的音乐理论是全面的，它并不限于抽象的理论而轻视实践的材料。事实上，关于实践的记述，往往就能提供理论的启发。

（二）《乐记》最突出的特点，是强调音乐和政治的关系。一方面，强调维持等级社会的秩序，所谓"天地之序"——这就是"礼"；一方面强调争取民心，保持整个社会的谐和，所谓"天地之为"——这就是"乐"：两方面统一起来，达到巩固等级制度的目的。有人否认《乐记》的阶级内容，那是很错误的。

二、从逻辑语言走到音乐语言

中国民族音乐，从古到今，都是声乐占主导地位。所谓"丝不如竹，竹不如肉，渐近自然也。"（《世说新语》）

中国古代所谓"乐"，并非纯粹的音乐，而是舞蹈、歌唱、表演的一种综合。《乐记》上有一段记载：

> 故歌者，上如抗，下如队，曲如折，止如槁木，倨中矩，句中钩，累累乎端如贯珠。故歌之为言也，长言之也。说之故言之，言之不足故长言之，长言之不足故嗟叹之，嗟叹之不足，故不知手之舞之，足之蹈之也。

"歌"是"言"，但不是普通的"言"，而是一种"长言"。

"长言"即入腔，成了一个腔调，从逻辑语言、科学语言走入音乐语言、艺术语言。为什么要"长言"呢？就是因为这是一个情感的语言。"悦之故言之"，因为快乐，情不自禁，就要说出，普通的语言不够表达，就要"长言之"和"嗟叹之"（入腔和行腔），这就到了歌唱的境界。更进一步心情的激动要以动作来表现就走到了舞蹈的境界，所谓"嗟叹之不足，故不知手之舞之，足之蹈之也"。这种思想在当时较为普遍。《诗大序》也说了相类似的话："情动于中而形于言，言之不足故嗟叹之，嗟叹之不足故永歌之，永歌之不足，不知手之舞之，足之蹈之也。"这也是说，逻辑语言，由于情感之推动，产生飞跃，成为音乐的语言，成为舞蹈。

那么，这推动逻辑语言使成为音乐语言的情感又是怎么产生的呢？古代思想家认为，情感产生于社会的劳动生活和阶级的压迫，所谓"男女有所怨恨，相从为歌。饥者歌其食，劳者歌其事"（见《公羊传》宣公十五年何休注。韩诗外传，嵇康《声无哀乐论》）。这显然是一种进步的美学思想。

三、"声中无字，字中有声"

从逻辑语言进到音乐语言，就产生了一个"字"和"声"的关系问题。

"字"就是概念，表现人的思想。思想应该正确反映客观真实，所以"字"里要求"真"。音乐中有了"字"，就有了属于人、与人有密切联系的内容。但是"字"还要转化为"声"，变成歌唱，走到音乐境界。这就是表现真理的语言要进入到美。"真"要融化在"美"里面。"字"与"声"的关系，就是"真"与"美"的关系。只谈"美"，不谈"真"，就是形式主义、唯美主义。既"真又美"，这是梅兰芳一生追求的目标。他运用传统唱腔，表现真实的生活和真实的情感，创造出真切动人的新的美，成为一代大师。

宋代的沈括谈到过"字"与"声"的关系，提出了中国歌唱艺术的一条重要规律："声中无字，字中有声。"他说：

> 古之善歌者有语，谓"当使声中无字，字中有声"。凡曲，止是一声清浊高下如萦缕耳，字则有喉唇齿舌等音不同。当使字字举本皆轻圆，悉融入声中，令转换处无磊魄，此谓"声中无字"，古人谓之"如贯珠"，今谓之"善过度"是也。如宫声字而曲合用商声，则能转宫为商歌之，此"字中有声"也，善歌者谓之"内里声"。不善歌者，声无抑扬，谓之"念曲"；声无含韫，谓之"叫曲"。
>
> （《梦溪笔谈》卷五）

"字中有声"，这比较好理解。但是什么叫"声中无字"呢？是不是说，在歌唱中要把"字"取消呢？是的，正是说要把"字"取消。但又并非完全取消，而是把它融化了，把"字"解剖为头、腹、尾三个部分，化成为"腔"。"字"被否定了，但"字"的内容在歌唱中反而得到了充分的表达。取消了"字"，却把它提高和充实了，这就叫"扬弃"。"弃"是取消，"扬"是提高。这是辩证的过程。

戏曲表演里讲究的"咬字行腔"，就体现了这条规律。"字"和"腔"就是中国歌唱的基本元素。咬字要清楚，因为"字"是表现思想内容，反映客观现实的。但为了充分的表达，还要从"字"引出"腔"。程砚秋说，咬字就如猫抓老鼠，不一下子抓死，既要抓住，又要保存活的。这样才能既有内容的表达，又有艺术的韵味。

"咬字行腔"，是结合现实而不断发展的。例如马泰在评剧《夺印》中，通过声音的抑扬高低，表现了人物的高度政治原则性。这在唱腔方面就有所发展。近来在京剧演现代戏里更接触到从生活出发，从人物出发来发展和改进京剧唱腔和曲调的问题，值得我们注意。

四、务头

戏曲歌唱里有所谓"务头"，牵涉到艺术的内容和形式等问题，所以我们在此简略地谈一谈。

什么叫"务头"？"曲调之声情，常与文情相配合，其最胜妙处，名曰'务头'。"（童斐伯《中乐寻源》）这是说，"务头"是指精彩的文字和精彩的曲调的一种互相配合的关系。一篇文章不能从头到尾都精彩，必须有平淡来突出精彩。人的精彩在"眼"。失去眼神，就等于是泥塑木雕。诗中也有"眼"。"眼"是表情的，特别引起人们的注意。曲中就叫"务头"。李渔说：

　　曲中有"务头"，犹棋中有眼，有此则活，无此则死。进不可战，退不可守者，无眼之棋，死棋也；看不动情，唱不发调者，无"务头"之曲，死曲也。一曲有一曲之"务头"，一句有一句之"务头"，字不聱牙，音不泛调，一曲中得此一句即使全曲皆灵，一句中得此一二字即使全句皆健者，"务头"也。由此推之，则不特曲有"务头"，诗、词、歌、赋以及举子业，无一不有"务头"矣。

（《闲情偶寄·别解务头》）

　　从这段话可以看出，"务头"的问题，并不限于戏曲的范围，它包含有各种艺术共有的某些一般规律性的内容。近人吴梅在《顾曲麈谈》里对"务头"有更深入的确切的说明。

中国书法里的美学思想

唐代孙过庭书谱里说："羲之写《乐毅》则情多怫郁，书《画赞》则意涉瑰奇，《黄庭经》则怡怿虚无，《太师箴》则纵横争折，暨乎《兰亭》兴集，思逸神超，私门诫誓，情拘志惨，所谓涉乐方笑，言哀已叹。"

人愉快时，面呈笑容，哀痛时放出悲声，这种内心情感也能在中国书法里表现出来，像在诗歌音乐里那样。别的民族写字还没有能达到这种境地的。中国的书法何以会有这种特点？

唐代韩愈在他的《送高闲上人序》里说："张旭善草书，不治他技，喜怒窘穷，忧悲愉佚，怨恨思慕，酣醉，无聊，不平，有动于心，必于草书焉发之。观于物，见山水崖谷，鸟兽虫鱼，草木之花实，日月列星，风雨水火，雷霆霹雳，歌舞战斗，天地事物之变，可喜可愕，一寓于书，故旭之书变动犹鬼神，不可端倪，以此终其身而名后世。"张旭的书法不但抒写自己的情感，也表出自然界各种变动的形象。但这些形象是通过他的情感所体会的，是"可喜可愕"的；他在表达自己的情感中同时反映出或暗示着自然界的各种形象。或借着这些形象的概括来暗示着他自己对这些形象的情感。这些形象在他的书法里不是事物的刻画，而是情景交融的"意境"，像中国画，更像音乐，像舞蹈，像优美的建筑。

现在我们再引一段书家自己的表白。后汉大书家蔡邕说："凡欲结构字体，皆须像其一物，若鸟之形，若虫食禾，若山若树，纵横有托，运用合度，方可谓书。"元代赵子昂写"子"字时，先习画鸟飞之形""，使子字有这鸟飞形象的暗示。他写"为"字时，习画鼠形数种，穷极它的变化，如。他从"为"字得到"鼠"形的暗示，因而积极地观察鼠的生动形象，吸取着深一层的对生命形象的构思，使"为"字更有生气、更有意味、内容更丰富。这字已不仅是一个表达概念的符号，而是一个表现生命的单位，书家用字的结构来表达物象的结构和生气勃勃的动作了。

这个生气勃勃的自然界的形象，它的本来的形体和生命，是由什么构成的呢？常识告诉我们：一个有生命的躯体是由骨、肉、筋、血构成的。"骨"是生物体最基本的间架，由于骨，一个生物体才能站立起来和行动。附在骨上的筋是一切动作的主持者，筋是我们运动感的源泉。敷在骨筋外面的肉，包裹着它们而使一个生命体有了形象。流贯在筋肉中的血液营养着、滋润着全部形体。有了骨、筋、肉、血，一个生命体诞生了。中国古代的书家要想使"字"也表现生命，成为反映生命的艺术，就须用他所具有的方法和工具在字里表现出一个生命体的骨、筋、肉、血的感觉来。但在这里不是完全像绘画，直接模示客观形体，而是通过较抽象的点、线、笔画，使我们从情感和想象里体会到客体形象里的骨、筋、肉、血，就像音乐和建筑也能通过诉之于我们情感及身体直感的形象来启示人类的生命内容和意义。①

中国人写的字，能够成为艺术品，有两个主要因素：一是由于中国字的起始是象形的，二是中国人用的笔。许慎《说文》序解释文字的定义说："仓颉之初作书，盖依类象形，故谓之文，其后形声相益，即谓之字，字者，言孳乳而浸多也"（此依徐铉本，

---

① 明人丰坊的《笔诀》里说："书有筋骨血肉，筋生于腕，腕能悬，则筋骨相连而有势，骨生于指，指能实，则骨体坚定而不弱。血生于水，肉生于墨，水须新汲，墨须新磨，则燥湿停匀而肥瘦适可。然大要先知笔诀，斯众美随之矣。"近人丁文隽对这段话解说得很清楚，他说："于人，骨所以支形体，筋所以司动转。骨贵劲健而筋贵灵活，故书，点画劲健者谓之有骨，软弱者谓之无骨。点画灵活者谓之有筋，呆板会谓之无筋。欲求点画之劲健。必须毫无虚发，墨无旁溢，功在指实，故曰骨生于指。欲求点画之灵活，必须纵横无疑，提顿从心，功在悬腕，故曰筋生于腕。点画劲健飞动则见刚柔之情，生动静之态，自然神完气足。故曰筋骨相连而有势，势即赅刚柔动静之情态而言之也。夫书以点画为形，以水墨为质者也。于人，筋骨血肉同属于质，于书，则筋骨所以状其点画，属于形，血肉所以言其水墨，属于质。无质则形不生，无水墨则点画不成。水湿而清，其性犹血。故曰血生于水。墨浓而浊，其性犹肉，故曰肉生于墨，血贵燥湿合度，燥湿合度谓之血润。肉贵肥瘦适中，肥瘦适中谓之肉莹。血肉惟恐其多，多则筋骨不见。筋骨贵惟患其少，少则神气全无。必也四质停匀，始为尽善尽美。然非巧智兼优，心手双善者，不克臻此。"

段玉裁据《左传正义》，补"文者物象之本"句），文和字是对待的。单体的字，像水木，是"文"；复体的字，像江河杞柳，是"字"，是由"形声相益，孳乳而浸多"来的。写字在古代正确的称呼是"书"。书者如也，书的任务是如，写出来的字要"如"我们心中对于物象的把握和理解。用抽象的点画表出"物象之"，这也就是说物象中的"文"，就是交织在一个物象里或物象和物象的相互关系里的条理：长短、大小、疏密、朝揖、应接、向背、穿插等等的规律和结构。而这个被把握到的"文"，同时又反映着人对它们的情感反应。这种"因情生文，因文见情"的字就升华到艺术境界，具有艺术价值而成为美学的对象了。

第二个主要因素是笔。书字从聿（yù），聿就是笔，篆文本，像手把笔，笔杆下扎了毛。殷朝人就有了笔，这个特殊的工具才使中国人的书法有可能成为一种世界独特的艺术，也使中国画有了独特的风格。中国人的笔是把兽毛（主要用兔毛）捆缚起做成的。它铺毫抽锋，极富弹性，所以巨细收纵，变化无穷。这是欧洲人用管笔、钢笔、铅笔以及油画笔所不能比的。从殷朝发明了和运用了这支笔，创造了书法艺术，历代不断有伟大的发展，到唐代各门艺术，都发展到极盛的时候，唐太宗李世民独独宝爱晋人王羲之所写的《兰亭序》，临死时不能割舍，恳求他的儿子让他带进棺去。可以想见在中国艺术最高峰时期中国书法艺术所占的地位了。这是怎样可能的呢？

我们前面已说过是基于两个主要因素，一是中国字在起始的时候是象形的，这种形象化的意境在后来"孳乳浸多"的"字体"里仍然潜存着、暗示着。在字的笔画里、结构里、章法里，显示着形象里面的骨、筋、肉、血，以至于动作的关联。后来从象形到谐声，形声相益，更丰富了"字"的形象意境，像"江"字、"河"字，令人仿佛目睹水流，耳闻汩汩的水声。所以唐人的一首绝句若用优美的书法写了出来，不但是使我们领略诗情，也同时如睹画境。诗句写成对联或条幅挂在壁上，美的享受不亚于画，而且也是一种综合艺术，像中国其它许多艺术那样。

中国文字成熟可分三期：一、纯图画期；二、图画佐文字期；三、纯文字期。纯图画期，是以图画表达思想，全无文字。如鼎文（殷文存上，一上）

 像一人抱小儿，作为"尸"来祭祀祖先。礼："君子抱孙不抱子。"

又如瓿文（殷文存，下廿四，下）

 像一人持钺献俘的情形。

叶玉森的《铁云藏龟拾遗》里第六页影印殷墟甲骨上一字为

猿猴形，神态毕肖，可见殷人用笔画抓住"物象之本"，"物像之文"的技能。

像这类用图画表达思想的例子很多。后来到"图画佐文字时期"，在一篇文字里往往夹杂着鸟兽等形象，我们说中国书画同源是有根据的。而且在整个书画史上，画和书法的密切关系始终保持着。要研究中国画的特点，不能不研究中国书法。我从前曾经说过，写西方美术史，往往拿西方各时代建筑风格的变迁做骨干来贯串，中国建筑风格的变迁不大，不能用来区别各时代绘画雕塑风格的变迁。而书法却自殷代以来，风格的变迁很显著，可以代替建筑在西方美术史中的地位，凭借它来窥探各个时代艺术风格的特征。这个工作尚待我们去做，这里不过是一个提议罢了。

我们现在谈谈中国书艺里的用笔、结体、章法所表现的美学思想。我们在此不能多谈到书法用笔的技术性方面的问题。这方面，古人已讲得极多了。我只谈谈用笔里的美学思想。中国文字的发展，由模写形象里的"文"，到孳乳浸多的"字"，象形字在量的方面减少了，代替它的是抽象的点线笔画所构成的字体。通过结构的疏密、点画的轻重、行笔的缓急，表现作者对形象的情感，发抒自己的意境，就像音乐艺术从自然界的群声里抽出纯洁的"乐音"来，发展这乐音间相互结合的规律。用强弱、高低、节奏、旋律等有规则的变化来表现自然界、社会界的形象和自心的情感。近代法国大雕刻家罗丹曾经对德国女画家萝斯蒂兹说："一个规定的线通贯着大宇宙，赋予了一切被创造物。如果他们在这线里面运行着，而自觉着自由自在，那是不会产生任何丑陋的东西来的。希腊人因此深入地研究了自然，他们的完美是从这里来的，不是从一个抽象的理念来的。人的身体是一座庙宇，具有神样的诸形式。"又说，表现在一胸象造形里的要务，是寻找那特征的线纹。能力低的艺术家很少具有这胆量单独地强调出那要紧的线，这需要一种决断力，像仅有少数人才能具有的那样。

　　我们古代伟大的先民就属于罗丹所说的少数人。古人传述仓颉造字时的情形说："颉首四目，通于神明，仰观奎星圆曲之势，俯察龟文鸟迹之象，博采众美，合而为字。"仓颉并不是真的有四只眼睛，而是说他象征着人类从猿进化到人，两手解放了，全身直立，因而双眼能仰观天文、俯察地理，好像增加了两个眼睛，他能够全面地、综合地把握世界，透视那通贯着大宇宙赋予了万物的规定的线，因而能在脑筋里构造概念，又有"文""字"来表示这些概念。"人"诞生了，文明诞生了，中国的书法也诞生了。中国最早的文字就具有美的性质。邓以蛰先生在《书法之欣赏》里说得好："甲骨文字，其为书法抑纯为符号，今固难言，然就书之全体而论，一方面固纯为横竖转折之笔画所组成，若后之施于真书之'永字八法'，当然无此繁杂之笔调。他方面横竖转折却有其结构之意，行次有其左行右行之分，又以上下字连贯之关系，俨然有其笔画之可增可减，如后之行草书然者。至其悬针垂韭之笔致，横直转折，安排紧凑，四方三角等之配合，空白疏密之调和，诸如此类，竟能给一段文字以全篇之美观，此美莫非来自意境而为当时书家之精心结撰可知也。至于钟鼎彝器之款识铭词，其书法之圆转委婉，结体行次之疏密，虽有优劣，其优者使人见之如仰观满天星斗，精神四射。古人言仓颉造字之初云：'颉首四目，通于神明，仰观奎星圆曲之势，俯察龟文鸟迹之象，博采众美，合而为字'，今以此语形容吾人观看长篇钟鼎铭词如毛公鼎、散氏盘之感觉，最为恰当。石鼓以下，又加以停匀整齐之美。至始皇诸刻石，笔致虽仍为篆体，而结体行次，整齐之外，并见端庄，不仅直行之空白如一，横行亦如之，此种整齐端庄之美至汉碑八分而至其极，凡此皆字之于形式之外，所以致乎美之意境也。"

邓先生这段话说出了中国书法在创造伊始，就在实用之外，同时走上艺术美的方向，使中国书法不像其他民族的文字，停留在作为符号的阶段，而成为表达民族美感的工具。

现在从美学观点来考察中国书法里的用笔、结体和章法。

一　用笔

用笔有中锋、侧锋、藏锋、出锋、方笔、圆笔、轻重、疾徐等等区别，皆所以运用单纯的点画而成其变化，来表现丰富的内心情感和世界诸形相，像音乐运用少数的乐音，依据和声、节奏与旋律的规律，构成千万乐曲一样。但宋朝大批评家董逌在《广川画跋》里说得好："且观天地生物，特一气运化尔，其功用秘移，与物有宜，莫知为之者，故能成于自然。"他这话可以和罗丹所说的"一个规定的线通贯着大宇宙而赋予了一切被创造物，他们在它里面运行着，而自觉着自由自在"相印证。所以千笔万笔，统于一笔，正是这一笔的运化尔！

罗丹在万千雕塑的形象里见到这一条贯注于一切中的"线"，中国画家在万千绘画的形象中见到这一笔画，而大书家却是运此一笔以构成万千的艺术形象，这就是中国历代丰富的书法。唐朝伟大的批评家和画史的创作者张彦远在《历代名画记》里论顾、陆、张、吴诸大画家的用笔时说："顾恺之之迹，紧劲联绵，循环超忽，调格逸易，风趋电疾，意存笔先，画尽意在，所以全神气也。昔张芝学崔瑗、杜度草书之法，因而变之，以成今草书之体势，一笔而成，气脉通连，隔行不断。唯王子敬（献之）明其深旨，故行首之字，往往继其前行，世上谓之一笔书。其后陆探微亦作一笔画，连绵不断，故知书画用笔同法。"张彦远谈到书画法的用笔时，特别指出这"一笔而成，气脉能贯"，和罗丹所指出的通贯宇宙的一根线，一千年间，东西艺人，遥遥相印。可见中国书画家运用这"一笔"的点画，创造中国特有的丰富的艺术形象，是有它的艺术原理上的根据的。

但这里所说的一笔书、一笔画，并不真是一条不断的线纹，像宋人郭若虚在《图画见闻志》里所记述的戚文秀画水图里那样，"图中有一笔长五丈……自边际起，通贯于波浪之间，与众毫不失次序，超腾回折，实逾五丈矣。"而是像郭若虚所要说明的，"王献之能为一笔书，陆探微能为一笔画，无适（……意译为：并不是）一篇之文，一物之像而能一笔可就也乃是自始及终，笔有朝揖，连绵相属，气脉不断。"这才是一笔画一笔书的正确的定义。所以古人所传的"永字八法"，用笔为八而一气呵成，血脉不断，构成一个有骨有肉有筋有血的字体，表现一个生命单位，成功一个艺术境界。

用笔怎样能够表现骨、肉、筋、血来，成为艺术境界呢？

三国时魏国大书家钟繇说道："笔迹者界也，流美者人也……见万象皆类之。"笔蘸墨画在纸帛上，留下了笔迹（点画），突破了空白，创始了形象。石涛《画语录》第一章"一画章"里说得好："太古无法，太朴不散，太朴一散，而法立矣。法于何立？立于一画。一画者众有之本，万象之根。……人能以一画具体而微，意明笔透。腕不虚则画非是，画非是则腕不灵。动之以旋，润之以转，居之以旷，出如截，入如揭，能圆能方，能直能曲，能上能下，左右均齐，凸凹突兀，断截横斜，如水之就下，如火之炎上，自然而不容毫发强也，用无不神而法无不贯也，理无不入而态无不尽也。信手一挥，山川、人物、鸟兽、草木、池榭、楼台，取形用势，写生揣意，运墓景显，露隐含人，不见其画之成画，不违其心之用心，盖自太朴散而一画之法立矣。一画之法立而万物著矣。"

从这一画之笔迹，流出万象之美，也就是人心内之美。没有人，就感不到这美，没有人，也画不出、表不出这美。所以钟嵘说："流美者人也。"所以罗丹说："通贯大宇宙的一条线，万物在它里面感到自由自在，就不会产生出丑来。"画家、书家、雕塑家创造了这条线（一画），使万象得以在自由自在的感觉里表现自己，这就是从"美"！美是从"人"流出来的，又是万物形象里节奏旋律的体现。所以石涛又说："夫画者从于心者也。山川人物之秀错，鸟兽草木之性情，池榭楼台之矩度，未能深入其理，曲尽其态，终未得一画之洪规也。行远登高，悉起肤寸，此一画收尽鸿蒙之外，即亿万万笔墨，未有不始于此而终于此，惟听人之握取之耳！"

所以中国人这支笔，开始于一画，界破了虚空，留下了笔迹，既流出人心之美，也流出万象之美。罗丹所说的这根通贯宇宙、遍及于万物的线，中国的先民极早就在书法里、在殷墟甲骨文、在商周钟鼎文、在汉隶八分、在晋唐的真行草书里，做出极丰盛的、创造性的反映了。

人类从思想上把握世界，必须接纳万象到概念的网里，纲举而后目张，物物明朗。中国人用笔写象世界，从一笔入手，但一笔画不能摄万象，须要变动而成八法，才能尽笔画的"势"，以反映物象里的"势"。《禁经》云："八法起于隶字之始，自崔（瑗）张（芝）钟（繇）王（羲之）传授所用，该于万字而为墨道之最。"又云："昔逸少（王羲之）攻书多载，廿七年偏攻永字。以其备八法之势，能通一切字也。"隋僧智永欲存王氏典型，以为百家法祖，故发其旨趣。智永的永字八法是：

、　侧法第一（如鸟翻然侧下）

一　勒法第二（如勒马之用缰）

｜　努法第三（用力也）

亅　趯法第四（趯音剔，跳貌与跃同）

丿　策法第五（如策马之用鞭）

丿　掠法第六（如篦之掠发）

一　啄法第七（如鸟之啄物）

乀　磔法第八（磔音窄，裂牲谓之磔，笔锋开张也）

八笔合成一个"永"字。宋人姜白石《续书谱》说："真书用笔，自有八法，我尝采古人之字，列之为图，今略言其指。点者，字之眉目，全借顾盼精神，有向有背……所贵长短合宜，结束坚实。八者，字之手足，伸缩异度，变化多端，要如鱼翼鸟翅，有翩翩自得之状。凵丨者，字之步履，欲其沉实。"这都是说笔画的变形多端，总之，在于反映生命的运动。这些生命运动在宇宙线里感得自由自在，呈"翩翩自得之状"，这就是美。但这些笔画，由于悬腕中锋，运全身之力以赴之，笔迹落纸，一个点不是平铺的一个面，而是有深度的，它是螺旋运动的终点，显示着力量，跳进眼帘。点，不称点而称为侧，是说它的"势"，左顾右瞰，欹侧不平。卫夫人笔阵图里说："点如高峰坠石，磕磕然实如崩也。"这是何等石破天惊的力量。一个横画不说是横，而称为勒，是说它的"势"，牵缰勒马，跃然纸上。钟繇云："笔迹者界也，流美者人也。""美"就是势、是力，就是虎虎有生气的节奏。这里见到中国人的美学倾向于壮美，和谢赫的《画品录》里的见地相一致。

一笔而具八法，形成一字，一字就像一座建筑，有栋梁椽柱，有间架结构。西方美学从希腊的庙堂抽象出美的规律来。如均衡、比例、对称、和谐、层次、节奏等等，至今成为西方美学里美的形式的基本范畴，是西方美学首先要加以分析研究的。从我们古人论书法的结构美里也可以得到若干中国美学的范畴，这就可以拿来和西方美学里的诸范畴作比较研究，观其异同，以丰富世界的美学内容，这类工作尚有待我们开始来做。现在我们谈谈中国书法里的结构美。

二　结构

字的结构，又称布白，因字由点画连贯穿插而成，点画的空白处也是字的组成部分，虚实相生，才完成一个艺术品。空白处应当计算在一个字的造形之内，空白要分布适当，和笔画具同等的艺术价值。所以大书家邓石如曾说书法要"计白当黑"，无笔墨处也是妙境呀！这也像一座建筑的设计，首先要考虑空间的分布，虚处和实处同样重要。中国书法艺术里这种空间美，在篆、隶、真、草、飞白里有不同的表现，尚待我们钻研；就像西方美学研究哥提式、文艺复兴式、巴洛刻式建筑里那些不同的空间感一样。空间感的不同，表现着一个民族、一个时代、一个阶级，在不同的经济基础上，社会条件里不同的世界观和对生活最深的体会。

商周的篆文、秦人的小篆、汉人的隶书八分、魏晋的行草、唐人的真书、宋明的行草，各有各的姿态和风格。古人曾说："晋人尚韵，唐人尚法，宋人尚意，明人尚态，"这是人们开始从字形的结构和布白里见到各时代风格的不同。（书法里这种不同的风格也可以在它们同时代的其它艺术里去考察。）

"唐人尚法"，所以在字体上真书特别发达（当然有它的政治原因、社会基础，现在不多述），他们研究真书的字体结构也特别细致。字体结构中的"法"，唐人的探讨是有成就的。人类是依据美的规律来创造的，唐人所述的书法中的"法"，是我们研究中国古代的美感和美学思想的好资料。

相传唐代大书家欧阳询曾留下真书字体结构法三十六条（故宫现在藏有他自己的墨迹《梦奠帖》）。由于它的重要，我不嫌累赘，把它全部写出来，供我们研究中国美学的同志们参考，我觉得我们可以从它们开始来窥探中国美学思想里的一些基本范畴。我们可以从书法里的审美观念再通于中国其它艺术，如绘画、建筑、文学、音乐、舞蹈、工艺美术等。我以为这有美学方法论的价值。但一切艺术中的法，只有法，是要灵活运用，要从有法到无法，表现出艺术家独特的个性与风格来，才是真正的艺术。艺术是创造出来，不是"如法炮制"的，何况这三十六条只是适合于真书的，对于其它书体应当研究它们各自的内在的美学规律。现在介绍欧阳询的结字三十六法，是依据戈守智所纂著的《汉溪书法通解》。他自己的阐发也很多精义，这里引述不少，不一一注出。

（1）排叠

字欲其排叠，疏密停匀，不可或阔或狭，如［寿藁畫筆麗羸爨］之字，系旁言旁之类，八法所谓分间布白，又曰调匀点画是也。

戈守智说：排者，排之以疏其势。叠者，叠之以密其间也。大凡字之笔画多者，欲其有排叠之势。不言促者，欲其字里茂密，如重花叠叶，笔笔生动，而不见拘苦繁杂之态。则排叠之所以善也。故曰"分间布白"，谓点画各有位置，则密处不犯而疏处不离。又曰"调匀点画"，谓随其字之形体，以调匀其点画之大小与长短疏密也。

李淳亦有堆积二例，谓堆者累累重叠，欲其铺匀。积者，总总繁紊，求其整饬。［晶品晶磊］堆之例也。［爨欎窠廳］积之例也。而别置［寿疊昼量］为匀画一例。［馨声繁擊］为错综一例，俱不出排叠之法。

（2）避就

避密就疏，避险就易，避远就近。欲其彼此映带得宜，如［庐］字上一撇既尖，下一撇不应相同。［俯］字一笔向下，一笔向左。［逢］字下"辶"拔出，则上笔作点，亦避重叠而就简径也。

（3）顶戴

顶戴者，如人戴物而行，又如人高妆大髻，正看时，欲其上下皆正，使无偏侧之形。旁看时，欲其玲珑松秀，而见结构之巧。如［臺］［響］［誉］［帶］，戴之正势也。高低轻重，纤毫不偏，便觉字体稳重。［聳］［藝］［髢］［鶩］，戴之侧势也。长短疏密，极意作态，便觉字势峭拔。又此例字，尾轻则灵，尾重则滞，不必过求匀称，反致失势。（戈守智）

（4）穿插

穿者，穿其宽处。插者插其虚处也。如［中］字以竖穿之。［册］字以画穿之。［爽］字以撇穿之。皆穿法也。［曲］字以竖插之，［尔］字以又插之。［密］字以点啄插之。皆插法也。（戈）

（5）向背

向背，左右之势也。向内者向也。向外者背也。一内一外者，

助也。不内不外者,并也。如［好］字为向,［北］字为背,［腿］字助右,［剔］字助左,［贻］、［棘］之字并立。(戈)

(6) 偏侧

一字之形,大都斜正反侧,交错而成,然皆有一笔主其势者。陈绎曾所谓以一为主,而七面之势倾向之也。下笔之始,必先审势。势归横直者正。势归斜侧戈勾者偏。(戈)

(7) 挑

连者挑,曲者掝。挑者取其强劲,掝者意在虚和。如［戈弋丸气］,曲直本是一定,无可变易也。又如［獻勵］之撇,婉转以附左,［省炙］之撇,曲折以承上,此又随字变化,难以枚举也。(戈)

(8) 相让

字之左右,或多或少,须彼此相让,方为尽善。如［馬旁糸旁鳥旁］诸字,须左边平直,然后右边可作字,否则妨碍不便。如［辯］字以中央言字上画短,让两糸出,如［辦］字以中央力字近下,让两辛字出。又如［嗚呼］字,口在左者,宜近上,［和］［扣］字,口在右者,宜近下。使不妨碍然后为佳。

(9) 补空

补空,补其空处,使与完处相同,而得四满方正也。又疏势不补，惟密势补之。疏势不补者，谓其势本疏而不整。如（少）字之空右，[戈]字之空左，岂可以点撇补方。密势补之者，如智永千字文书耻字，以左画补右。欧因之以书圣字。法帖中此类甚多，所以完其神理，而调匀其八边也。

又如[年]字谓之空一，谓二画之下，须空出一画地位，而后置第三画也。

[平]字谓之豁二，谓一画之下，须空出两画地位，而后置二画也。[烹]字谓之隔三，谓了字中勾，须空三画地位，而后置下四点也。右军云"实处就法，虚处藏神"，故又不得以匀排为补空。（戈）

（按：此段说出虚实相生的妙理，补空要注意"虚处藏神"。补空不是取消虚处，而正是留出空处，而又在空处轻轻着笔，反而显示出虚处，因而气韵流动，空中传神。这是中国艺术创造里一条重要的原理，贯通在许多其它艺术里面。）

（10）覆盖

覆盖者，如宫室之复于上也。宫室取其高大。故下面笔画不宜相著，左右笔势意在能容，而覆之尽也。

如[寶容]之类，点须正，画须圆明，不宜相著与上长下短也。

薛绍彭曰：篆多垂势而下含，隶多仰势而上逞。

(11) 贴零

如［令今冬寒］之类是也。贴零者因其下点零碎，易于失势，故拈贴之也。疏则字体宽懈，蹙则不分位置。

(12) 粘合

字之本相离开者，即欲粘合，使相著顾揖乃佳。如诸偏旁字［卧鉴非门］之类是也。

索靖曰：譬夫和风吹林，偃草扇树，枝条顺气，转相比附。赵孟頫曰：毋似束薪，勿为冻蝇。徐渭曰：字有惧其疏散而一味扭结，不免束薪冻蝇之似。

(13) 捷速

李斯曰：用笔之法，先急回，后疾下，如鹰望鹏逝，信之自然，不复重改，王羲之曰：一字之中须有缓急，如乌字下，首一点，点须急，横直即须迟，欲乌之急脚，斯乃取形势也。［风凤］等字亦取腕势，故不欲迟也。《书法三昧》曰：［风］字两边皆圆，名金剪刀。

(14) 满不要虚

如［园图国回包南隔目四勾］之类是也。莫云卿曰：为外称内，为内称外，［国图］等字，内称外也。［齿齟］等，外称内也。

（15）意连

字有形断而意连者如［之以心必小川州水求］之类是也。

字有形体不交者，非左右映带，岂能连络，或有点画散布，笔意相反者，尤须起伏照应，空处连络，使形势不相隔绝，则虽疏而不离也。［戈］

（16）复冒

复冒者，注下之势也。务在停匀，不可偏侧欹斜。凡字之上大者，必复冒其下，如［雨］字头、［穴］字头之类是也。

（17）垂曳

垂者垂左，曳者曳右也。皆展一笔以疏宕之。使不拘挛，凡字左缩者右垂，右编者左曳，字势所当然也。垂如［卿卿都夘夅］之类。曳如［水支欠皮更之走民也］之类是也（曳，徐，引也，牵也）。（戈）

（18）借换

如醴泉铭［祕］字，就示字右点作必字左点，此借换也。又如［鹅］字写作［鵞］之类，为其字难结体，故互换如此，亦借换也。作字必从正体，借换之法，不得已而用之。（戈）

（19）增减

字之有难结体者或因笔画少而增添，或因笔画多而减省。

（按：六朝人书此类甚多。）

（20）应副

字之点画稀少者，欲其彼此相映带，故必得应副相称而后可。又如（龍詩轡轉）之类，必一画对一画，相应亦相副也。

更有左右不均者各自调匀，［瓊曉註軸］一促一疏。相让之中。笔意亦自相应副也。

（21）撑拄

字之独立者必得撑拄，然后劲健可观，如［丁亭手亨寧于矛予可司弓永下卉草巾千］之类是也。

凡作竖，直势易，曲势难，如［千永下草］之字挺拔而笔力易劲，［亨矛寧弓］之字和婉而笔势难存，故必举一字之结束而注意为之，宁迟毋速，宁重毋佻，所谓如古木之据崖，则善矣。

（按：舞蹈也是"和婉而形势难存"的，可在这里领悟劲健之理："宁重毋佻。"）

（22）朝揖

朝揖者，偏旁凑合之字也。一字之美，偏旁凑成，分拆看时，各自成美。故朝有朝之美，揖有揖之美。正如百物之状，活动圆备，各各自足，众美具也。（戈）王世贞曰：凡数字合为一字者，必须相顾揖而后联络也。

（按：令人联想双人舞。）

（23） 救应

凡作一字，意中先已构一完成字样，跃跃在纸矣。及下笔时仍复一笔顾一笔，失势者救之，优势者应之，自一笔至十笔廿笔，笔笔回顾，无一懈笔也。（戈）

解缙曰：上字之与下字，左行之与右行，横斜疏密，各有攸当，上下连延，左右顾瞩，八面四方，有如布阵，纷纷纭纭，斗乱而不乱，浑浑沌沌，形圆而不可破。

（24） 附丽

字之形体有宜相附近者，不可相离，如［影形飞起超飮勉］，凡有［文旁欠旁］者之类。以小附大，以少附多。

附者立一以为正，而以其一为附也。凡附丽者，正势既欲其端凝，而旁附欲其有态，或婉转而流动，或拖沓而偃蹇，或作势而趋先，或迟疑而托后，要相体以立势，并因地以制宜，不可拘也。如［廟飛潤肯嫄愿導影形猷］之类是也。（戈）

（按：此段可参考建筑中装饰部分。）

（25） 回抱

回抱向左者如［曷丂易匊］之类，向右者如［艮鬼包旭它］之类是也。回抱者，回锋向内转笔勾抱也。太宽则散漫而无归，太紧则逼窄而不可以容物。使其婉转勾环，如抱冲和之气，则笔势浑脱而力归手腕，书之神品也。（戈）

(26) 包裹

谓如［園圃］之类，四围包裹也。［尚向］上包下，［幽凼］下包上。［匮匡］左包右，［甸匈］右包左之类是也。包裹之势要以端方而得流利为贵。非端方之难，端方而得流利之为难。

(27) 小成大

字之大体犹屋之有墙壁也。墙壁既毁，安问纱窗绣户，此以大成小之势不可不知。然亦有极小之处而全体结束在此者。设或一点失所，则若美人之病一目。一画失势，则如壮士之折一股。此以小成大之势，更不可不知。

字以大成小者，如［門辶］之类。明人项穆曰：初学之士先立大体，横直安置，对待布白，务求匀齐方正，此以大成小也。以小成大，则字之成形极其小。如［孤］字只在末后一捺，［寧］字只在末后一［亅］，［欠］字只在末后一点之类是也。《书诀》云：一点成一字之规，一字乃通篇之主。

(28) 小大成形

谓小字大字各有形势也。东坡曰：大字难于密结而无间，小字难于宽绰而有余。若能大字密结，小字宽绰，则尽善尽美矣。

(29) 小大与大小

《书法》曰：大字促令小，小字放令大，自然宽猛得直。譬如［曰］字之小，难与［國］字同大，如［一］［二］字之疏，亦欲字画与密者相间，必当思所以位置排布，令相映带得宜，然后为上。或曰谓上小下大，上大下小，欲其相称，亦一说也。

李淳曰：长者原不喜短，短者切勿求长。如［自目耳茸］与［白曰白四］是也。大者既大，而妙于攒簇，小者虽小，而贵在丰严，如［囊橐］与［厶工］之类是也。米芾曰：字有大小相称。且如写"太一之殿"，作四窠分，岂可将"一"字肥满一窠以配殿字乎？盖自有相称，大小不展促也。余尝书"天庆之观"，"天""之"字皆四笔，"庆""观"字多画，俱在下。各随其相称写之，挂起气势自带过，皆如大小一般，真有飞动之势也。

（30）各自成形

凡写字，欲其合为一字亦好，分而异体亦好，由其能各自成形也。

（31）相管领

以上管下为"管"，以前领后之为"领"。由一笔而至全字，彼此顾盼，不失位置。由一字以至全篇，其气势能管束到底也。

（32）应接

字之点画欲其互相应接。两点者如［小八忄］自相应接，三点者如［糸］则左朝右，中朝上，右朝左。四点者如［然］、［無］二字，则两旁两点相应，中间相接。

张绅曰：古之写字，正如作文。有字法，有章法，有篇法。终篇结构，首尾相应。故羲之能为一笔书，谓《禊序》自"永"字至"文"字，笔意顾盼，朝向偃仰，阴阳起伏，笔笔不断，人不能也。

（33）禰

《魏风》："维是禰心"，隘陋之意也。又衣小谓之禰。故曰收敛紧密也。盖欧书之不及钟王者以其禰，而其得力亦在于禰。禰者欧之本色也。然如化度，九成，未始非冠裳玉佩，气度雍雍，既不寒俭而亦不轻浮。（戈）

（34）左小右大

左荣右枯，皆执笔偏右之故。大抵作书须结体平正，若促左宽右，书之病也。

此一节乃字之病，左右大小，欲其相停。人之结字，易于左小而右大，故此与下二节，皆著其病也。

（35）左高右低　左短右长

此二节皆字之病。

（36）却好

谓其包裹斗凑，不致失势，结束停当，皆得其宜也。

却好，恰到好处也。戈守智曰：诸篇结构之法，不过求其却好。疏密却好，排叠是也。远近却好，避就是也。上势却好，顶戴，复冒，覆盖是也。下势却好，贴零、垂曳，撑拄是也。对代者，分亦有情，向背朝揖、相让，各自成形之却好也。联络者，交而不犯，粘合、意连、应副、附丽，应接之却好也。实则串插，虚则管领，合则救应，离则成形。因乎其所本然者而却好也。互换其大体，增减其小节，移实以补虚，借彼以益此。易乎其所同然者而却好也。揽者屈己以和，抱者虚中以待，谦之所以却好也。包者外张其势，满者内固其体，盈之所以却好也。褊者紧密，偏者偏侧，捷者捷速，令用时便非弊病，笔有大小，体有大小，书有大小，安置处更饶区分。故明结构之法，方得字体却好也。至于神妙变化在己，究亦不出规矩外也。

（按：这段"却好"总结了书法美学，值得我们细玩。）

这一自古相传欧阳询的结体三十六法，是从真书的结构分析出字体美的构成诸法，一切是以美为目标。为了实现美，不怕依据美的规律来改变字形，就像希腊的建筑，为了创造美的形象，也改变了石柱形，不按照几何形学的线。我们古代美学里所阐明的美的形式的范畴在这里可以找到一些具体资料，这是对我们美学史研究者很有意义的事。这类的美学范畴，在别的艺术门类里，应当也可以发掘和整理出来。（在书法范围内，草书、篆书、隶书又有它们各自的美学规律，更应进行研究。）还有一层，中国书法里结体的规律，正像西洋建筑里结构规律那样，它们启示着西洋古希腊及中古哥提式艺术里空间感的型式。中国书法里的结体也显示着中国人的空间感的型式，我以前在另一文里说过："中国画里的空间构造，既不是凭借光影的烘染衬托，也不是移写雕像立体及建筑里的几何透视，而是显示一种类似音乐或舞蹈所引起的空间感型。确切地说，就是一种'书法的空间创造'。"①

我们研究中国书法里的结体规律，是应当从这一较广泛、较深入的角度来进行的。这是一个美学的课题，也是一个意识形态史的课题。

从字体的个体结构到一幅整篇的章法，是这结构规律的扩张和应用。现在我们略谈章法，更可以窥探中国人的空间感的特征。

三　章法

以上所述字体结构三十六法里有"相管领"与"应接"二条已不是专论单个字体，同时也是一篇文字全幅的章法了。戈守智说："凡作字者，首写一字，其气势便能管束到底，则此一字便是通篇之领袖矣。假使一字之中有一二懈笔，即不能管领一行，一幅之中有几处出入，即不能管领一幅，此管领之法也。应接者，错举一字而言也（按："错举"即随便举出一个字）。如上字作如何体段，此字便当如何应接，右行作如何体段，此字又当如何应接。假使上字连用大捺，则用翻点以承之。右行连用大捺，则用轻掠以应之，行行相向，字字相承，俱有意态，正如宾朋杂坐，交相应接也。又管领者如始之倡，应接者如后之随也。"

"相管领"好像一个乐曲里的主题，贯穿着和团结着全曲于

---

① 《中西画法所表现的空间意识》。

不散，同时表出作者的基本乐思。"应接"就是在各个变化里相互照应，相互联系。这是艺术布局章法的基本原则。

我前曾引述过张绅说："古之写字，正如作文。有字法，有章法，有篇法。终篇结构，首尾相应。故羲之能为一笔书，谓《禊序》（按：即《兰亭序》自'永'字至'文'字），笔意顾盼，朝向偃仰，阴阳起伏，笔笔不断，人不能也。"王羲之的《兰亭序》，不仅每个字结构优美，更注意全篇的章法布白，前后相管领，相接应，有主题，有变化。全篇中有十八个"之"字，每个结体不同，神态各异，暗示着变化，却又贯穿和联系着全篇。既执行着管领的任务，又于变化中前后相互接应，构成全幅的联络，使全篇从第一字"永"到末一字"文"一气贯注，风神潇洒，不粘不脱，表现王羲之的精神风度，也标出晋人对于美的最高理想。勿怪唐太宗和唐代各大书家那样宝爱它了。他们临写兰亭时，各有他不同的笔意，褚摹欧摹神情两样，但全篇的章法，分行布白，不敢稍有移动，兰亭的章法真具有美的典型的意义了。

王羲之题卫夫人《笔阵图》说："夫欲书者，先干研墨，凝神静思，预想字形大小，偃仰平直，振动令筋脉相连，意在笔前，然后作字。若平直相似，状若算子（即算盘上的算子），上下方整，前后齐平，此不是书，但得其点画尔！"

这段话指出了后世馆阁体、干禄书的弊病。我们现在爱好魏晋六朝的书法，北碑上不知名的人各种跌宕不羁的结构，它们正暗合羲之的指示。然而羲之的《兰亭》仍是千古绝作，不可企及。他自己也不能写出第二幅来，这里是创造。

从这种"创造"里才能涌出真正的艺术意境。意境不是自然主义地模写现实，也不是抽象的空想的构造。它是从生活的极深刻的和丰富的体验，情感浓郁，思想诚挚里突然地创造性地冒了出来的。音乐家凭它来制作乐调，书家凭它写出艺术性的书法，每一篇的章法是一个独创，表出独特的风格，丰富了人类的艺术收获。我们从《兰亭序》里欣赏到中国书法的美，也证实了羲之对于书法的美学思想。

至于殷代甲骨文、商周铜器款识，它们的布白之美，早已被人们赞赏。铜器的"款识"虽只寥寥几个字，形体简约，而布白巧妙奇绝，令人玩味不尽，愈深入地去领略，愈觉幽深无际，把握不住，绝不是几何学、数学的理智所能规划出来的。长篇的金文也能在整齐之中疏宕自在，充分表现书家的自由而又严谨的感觉。

殷初的文字中往往间以纯象形文字，大小参差、牡牝相衔，以全体为一字，更能见到相管领与接应之美。

中国古代商周铜器铭文里所表现章法的美，令人相信传说仓颉四目窥见了宇宙的神奇，获得自然界最深妙的形式的秘密。歌德曾论作品说："题材人人看得见，内容意义经过努力可以把握，而形式对大多数人是一秘密。"

我们要窥探中国书法里章法、布白的美，探寻它的秘密，首先要从铜器铭文入手。我现在引述郭宝钧先生《由铜器研究所见到之古代艺术》① 里一段论述来结束我这篇小文。郭先生说：

> 铭文排列以下行而左（即右行）为常式。在契文（即殷文）有龟板限制，卜兆或左或右，卜辞应之，因有下行而右（即左行）之对刻，金铭有踵为之者。又有分段接读者，有顺倒相间者，有文字行列皆反书者，皆偶有例也。章法展延，以长方幅为多，行小者纵长，行多者横长，亦有应适地位，上下参差，呈错落之状者，有以兽环为中心，展列九十度扇面式，兼为装饰者（在器外壁），后世书法演为艺术品，张挂屏联，与壁画同重，于此已兆其朕。铭既下行，篆时一挥而下，故形成脉络相注之行气，而行与行间，在早期因字体结构不同，或长跨数字，或缩为一点，犄角错落，顾盼生姿。中晚期或界划方格，渐趋整饬，不惟注意纵贯，且多顾及横平，开秦篆汉隶之端矣。铭文所在，在同一器类，同一时代，大抵有定所。如早期鼎甗鬲位内壁两耳间，角单足，盘簋位内底；角爵斝杯位鋬阴；戈矛斧瞿在柄内；觚在足下外底，均为骤视不易见，细察又易见之地。骤视不易见者，不欲伤表面之美也。细察又易见者，附铭识别之本意也，似古人对书画，有表里公私之辨认。画者世之所同也，因在表，惟恐人之不见，以彰其美，有一道同风之意焉。铭者己之所独也，因在里，惟恐人之遽见，以藏其私，有默而识之之意焉（以

---

① 《文史》杂志，1944年2月第3卷，第3、4卷合刊。

器容物，则铭文被淹，然若遗失则有识别）。此早期格局也。中期以铭文为宝书，尚巨制，器小莫容，集中鼎簋。以二者口阔底平，便施工也。晚期简帛盛行，金铭反简短，器尚薄制，铸者少，刻着多。为施工之便，故鬲移器口，鼎移外肩，壶移盖周，随工艺为转移。至各期具盖之器，大抵对铭，可互校以识新义。同组同铸之器，大抵同铭，如列鼎编钟，亦有互校之益。又有一铭分载多器者，齐侯七钟其适例。

铜器铭刻因适应各器的形状、用途及制造等等条件，变易它们的行列、方向、地位，于是受迫而呈现不同的形式，却更使它们丰富多样，增加艺术价值。令人见到古代劳动人民在创制中如何与美相结合。

原载《哲学研究》1962 年第 1 期

中国园林建筑艺术所表现的美学思想

一、飞动之美

前面讲《考工记》的时候，已经讲到古代工匠喜欢把生气勃勃的动物形象用到艺术上去。这比起希腊来，就很不同。希腊建筑上的雕刻，多半用植物叶子构成花纹图案。中国古代雕刻却用龙、虎、鸟、蛇这一类生动的动物形象，至于植物花纹，要到唐代以后才逐渐兴盛起来。

在汉代，不但舞蹈、杂技等艺术十分发达，就是绘画、雕刻，也无一不呈现一种飞舞的状态。图案画常常用云彩、雷纹和翻腾的龙构成，雕刻也常常是雄壮的动物，还要加上两个能飞的翅膀。充分反映了汉民族在当时的前进的活力。

这种飞动之美，也成为中国古代建筑艺术的一个重要特点。

《文选》中有一些描写当时建筑的文章，描写当时城市宫殿建筑的华丽，看来似乎只是夸张，只是幻想。其实不然。我们现在从地下坟墓中发掘出来的实物材料，那些颜色华美的古代建筑的点缀品，说明《文选》中的那些描写，是有现实根据的，离开现实并不是那么远的。

现在我们看《文选》中一篇王文考作的《鲁灵光殿赋》。这篇赋告诉我们，这座宫殿内部的装饰，不但有碧绿的莲蓬和水草等装饰，尤其有许多飞动的动物形象：有飞腾的龙，有愤怒的奔兽，有红颜色的鸟雀，有张着翅膀的凤凰，有转来转去的蛇，有伸着颈子的白鹿，有伏在那里的小兔子，有抓着橡在互相追逐的猿猴，还有一个黑颜色的熊，背着一个东西，蹲在那里，吐着舌头。不但有动物，还有人：一群胡人，带着愁苦的样子，眼神憔悴，面对面跪在屋架的某一个危险的地方。上面则有神仙、玉女，"忽瞟眇以响象，若鬼神之仿佛。"在作了这样的描写之后，作者总结道："图画天地，品类群生，杂物奇怪，山神海灵，写载其状，托之丹青，千变万化，事各胶形，随色象类，曲得其情。"这简直可以说是谢赫六法的先声了。

不但建筑内部的装饰，就是整个建筑形象，也着重表现一种动态，中国建筑特有的"飞檐"，就是起这种作用。根据《诗经》的记载，周宣王的建筑已经像一只野鸡伸翅在飞（《斯干》），可见中国的建筑很早就趋向于飞动之美了。

二、空间的美感（1）

建筑和园林的艺术处理，是处理空间的艺术。老子就曾说："凿户牖以为室，当其无，有室之用。"室之用是由于室中之空间。而"无"在老子又即是"道"，即是生命的节奏。

中国的园林是很发达的。北京故宫三大殿的旁边，就有三海，郊外还有圆明园、颐和园等，这是皇帝的园林。民间的老式房子，也总有天井、院子，这也可以算作一种小小的园林。例如，郑板桥这样描写一个院落：

> 十笏茅斋，一方天井，修竹数竿，石笋数尺，其地无多，其费亦无多也。而风中雨中有声，日中月中有影，诗中酒中有情，闲中闷中有伴，非唯我爱竹石，即竹石亦爱我也。彼千金万金造园亭，或游宦四方，终其身不能归享。而吾辈欲游名山大川，又一时不得即往，何如一室小景，有情有味，历久弥新乎？对此画，构此境，何难敛之则退藏于密，亦复放之可弥六合也。
>
> （《板桥题画竹石》）

我们可以看到，这个小天井，给了郑板桥这位画家多少丰富的感受！空间随着心中意境可敛可放，是流动变化的，是虚灵的。

宋代的郭熙论山水画，说："山水有可行者，有可望者，有可游者，有可居者。"（《林泉高致》）可行、可望、可游、可居，这也是园林艺术的基本思想。园林中也有建筑，要能够居人，使人获得休息。但它不只是为了居人，它还必须可游、可行、可望。"望"最重要。一切美术都是"望"，都是欣赏。不但"游"可以发生"望"的作用（颐和园的长廊不但领导我们"游"，而且领导我们"望"），就是"住"，也同样要"望"。窗子并不单为了透空气，也是为了能够望出去，望到一个新的境界，使我们获得美的感受。

窗子在园林建筑艺术中起着很重要的作用。有了窗子，内外就发生交流。窗外的竹子或青山，经过窗子的框框望去，就是一幅画。颐和园乐寿堂差不多四边都是窗子，周围粉墙列着许多小窗，面向湖景，每个窗子都等于一幅小画（李渔所谓"尺幅窗，无心画"）。而且同一个窗子，从不同的角度看出去，景色都不相同。这样，画的境界就无限地增多了。

明代人有一小诗，可以帮助我们了解窗子的美感作用。

一琴几上闲，
数竹窗外碧。
帘户寂无人，
春风自吹入。

这个小房间和外部是隔离的，但经过窗子又和外边联系起来了。没有人出现，突出了这个小房间的空间美。这首诗好比是一张静物画，可以当作塞尚（Cyzanne）画的几个苹果的静物画来欣赏。

不但走廊、窗子，而且一切楼、台、亭、阁，都是为了"望"，都是为了得到和丰富对于空间的美的感受。

颐和园有个匾额，叫"山色湖光共一楼"。这是说，这个楼把一个大空间的景致都吸收进来了。左思《三都赋》："八极可围于寸眸，万物可齐于一朝。"苏轼诗："赖有高楼能聚远，一时收拾与闲人。"就是这个意思。颐和园还有个亭子叫"画中游"。"画中游"，并不是说这亭子本身就是画，而是说，这亭子外面的大空间好像一幅大画，你进了这亭子，也就进入到这幅大画之中。所以明人计成在《园冶》中说："轩楹高爽，窗户邻虚，纳千顷之汪洋，收四时之烂漫。"

这里表现着美感的民族特点。古希腊人对于庙宇四围的自然风景似乎还没有发现。他们多半把建筑本身孤立起来欣赏。古代中国人就不同。他们总要通过建筑物，通过门窗，接触外面的大自然界（我们讲离卦的美学时曾经谈到这一点）。"窗含西岭千秋雪，门泊东吴万里船"（杜甫诗句）。诗人从一个小房间通到千秋之雪、万里之船，也就是从一门一窗体会到无限的空间、时间。这样的诗句多得很。像"凿翠开户牖"（杜甫），"山川俯绣户，日月近雕梁。"（杜甫）"檐飞宛溪水，窗落敬亭云。"（李白）"山翠万重当槛出，水光千里抱城来。"（许浑）都是小中见大，从小空间进到大空间，丰富了美的感受。外国的教堂无论多么雄伟，也总是有局限的。但我们看天坛的那个祭天的台，这个台面对着的不是屋顶，而是一片虚空的天穹，也就是以整个宇宙作为自己的庙宇。这是和西方很不相同的。

三、空间的美感（2）

为了丰富对于空间的美感，在园林建筑中就要采用种种手法来布置空间，组织空间，创造空间，例如借景、分景、隔景，等等。其中，借景又有远借、邻借、仰借、俯借、镜借等。总之，为了丰富对景。（见计成《园冶》）

玉泉山的塔，好像是颐和园的一部分，这是"借景"。苏州留园的冠云楼可以远借虎丘山景，拙政园在靠墙处堆一假山，上建"两宜亭"，把隔墙的景色尽收眼底，突破围墙的局限，这也是"借景"。颐和园的长廊，把一片风景隔成两个，一边是近于自然的广大湖山，一边是近于人工的楼台亭阁，游人可以两边眺望，丰富了美的印象，这是"分景"。《红楼梦》小说里大观园运用园门、假山、墙垣，等等，造成园中的曲折多变，境界层层深入，像音乐中不同的音符一样，使游人产生不同的情调，这也是"分景"。颐和园中的谐趣园，自成院落，另辟一个空间，另是一种趣味。这种大园林中的小园林，叫做"隔景"。对着窗子挂一面大镜，把窗外大空间的景致照入镜中，成为一幅发光的"油画"。"隔窗云雾生衣上，卷幔山泉入镜中。"（王维诗句）"帆影都从窗隙过，溪光合向镜中看。"（叶令仪诗句）这就是所谓"镜借"了。"镜借"是凭镜借景，使景映镜中，化实为虚（苏州怡园的面壁亭处境逼仄，乃悬一大镜，把对面假山和螺髻亭收入境内，扩大了境界）。园中凿池映景，亦此意。

　　无论是借景、对景，还是隔景、分景，都是通过布置空间、组织空间、创造空间、扩大空间的种种手法，丰富美的感受，创造了艺术意境。中国园林艺术在这方面有特殊的表现，它是理解中国民族的美感特点的一项重要的领域。概括说来，当如沈复所说的："大中见小，小中见大，虚中有实，实中有虚，或藏或露，或浅或深，不仅在周回曲折四字也。"（《浮生六记》）这也是中国一般艺术的特征。

论中西画法的渊源与基础

人类在生活中所体验的境界与意义，有用逻辑的体系范围之、条理之，以表出来的，这是科学与哲学。有在人生的实践行为或人格心灵的态度里表达出来的，这是道德与宗教。但也还有那在实践生活中体味万物的形象，天机活泼，深入"生命节奏的核心"，以自由谐和的形式，表达出人生最深的意趣，这就是"美"与"美术"。

所以美与美术的特点是在"形式"、在"节奏"，而它所表现的是生命的内核，是生命内部最深的动，是至动而有条理的生命情调。"一切的艺术都是趋向音乐的状态。"这是派脱（W. Pater）最堪玩味的名言。

美术中所谓形式，如数量的比例、形线的排列（建筑）、色彩的和谐（绘画）、音律的节奏，都是抽象的点、线、面、体或声音的交织结构。为了集中地提高地和深入地反映现实的形相及心情诸感，使人在摇曳荡漾的律动与谐和中窥见真理，引人发无穷的意趣、绵渺的思想。

所以形式的作用可以别为三项：

（一）美的形式的组织，使一片自然或人生的内容自成一独立的有机体的形象，引动我们对它能有集中的注意、深入的体验。"间隔化"是"形式"的消极的功用。美的对象之第一步需要间隔。图画的框、雕像的石座、堂宇的栏杆台阶、剧台的帘幕（新式的配光法及观众坐黑暗中）、从窗眼窥青山一角、登高俯瞰黑夜幕罩的灯火街市，这些美的境界都是由各种间隔作用造成。

（二）美的形式之积极的作用是组织、集合、配置。一言蔽之，是构图。使片景孤境能织成一内在自足的境界，无待于外而自成一意义丰满的小宇宙，启示着宇宙人生的更深一层的真实。

希腊大建筑家以极简单朴质的形体线条构造典雅庙堂，使人千载之下瞻赏之犹有无穷高远圣美的意境，令人不能忘怀。

（三）形式之最后与最深的作用，就是它不只是化实相为空灵，引人精神飞越，超入美境；而尤在它能进一步引入"由美入真"，探入生命节奏的核心。世界上唯有最生动的艺术形式……如音乐、舞蹈姿态、建筑、书法、中国戏面谱、钟鼎彝器的形态与花纹……乃最能表达人类不可言、不可状之心灵姿式与生命的律动。

每一个伟大时代，伟大的文化，都欲在实用生活之余裕，或在社会的重要典礼，以庄严的建筑、崇高的音乐、闳丽的舞蹈，表达这生命的高潮、一代精神的最深节奏。（北平天坛及祈年殿是象征中国古代宇宙观最伟大的建筑）建筑形体的抽象结构、音乐的节律与和谐、舞蹈的线纹姿式，乃最能表现吾人深心的情调与律动。

吾人借此返于"失去了的和谐，埋没了的节奏"，重新获得生命的中心，乃得真自由、真生命。美术对于人生的意义与价值在此。

中国的瓦木建筑易于毁灭，圆雕艺术不及希腊发达，古代封建礼乐生活之形式美也早已破灭。民族的天才乃借笔墨的飞舞，写胸中的逸气（逸气即是自由的超脱的心灵节奏）。所以中国画法不重具体物象的刻画，而倾向抽象的笔墨表达人格心情与意境。中国画是一种建筑的形线美、音乐的节奏美、舞蹈的姿态美。其要素不在机械的写实，而在创造意象，虽然它的出发点也极重写实，如花鸟画写生的精妙，为世界第一。

中国画真像一种舞蹈，画家解衣盘礴，任意挥洒。他的精神与着重点在全幅的节奏生命而不粘滞于个体形象的刻画。画家用笔墨的浓淡，点线的交错，明暗虚实的互映，形体气势的开合，谱成一幅如音乐如舞蹈的图案。物体形象固宛然在目，然而飞动摇曳，似真似幻，完全溶解浑化在笔墨点线的互流交错之中！

西洋自埃及、希腊以来传统的画风，是在一幅幻现立体空间的画境中描出圆雕式的物体，特重透视法、解剖学、光影凸凹的晕染。画境似可走进，似可手摩，它们的渊源与背景是埃及、希腊的雕刻艺术与建筑空间。

在中国则人体圆雕远不及希腊发达，亦未臻最高的纯雕刻风味的境界。晋、唐以来塑像反受画境影响，具有画风。杨惠之的雕塑是和吴道子的绘画相通。不似希腊的立体雕刻成为西洋后来画家的范本。而商、周钟鼎敦尊等彝器则形态沉重浑穆、典雅和美，其表现中国宇宙情绪可与希腊神像雕刻相当。中国的画境、画风与画法的特点当在此种钟鼎彝器盘鉴的花纹图案及汉代壁画中求之。

在这些花纹中人物、禽兽、虫鱼、龙凤等飞动的形象，跳跃宛转，活泼异常。但它们完全溶化浑合于全幅图案的流动花纹线条里面。物象融于花纹，花纹亦即原本于物象形线的蜕化、僵化。每一个动物形象是一组飞动线纹之节奏的交织，而融合在全幅花纹的交响曲中。它们个个生动，而个个抽象化，不雕凿凹凸立体的形似，而注重飞动姿态之节奏和韵律的表现。这内部的运动，用线纹表达出来的，就是物的"骨气"（张彦远《历代名画记》云：古之画或遗其形似而尚其骨气）。骨是主持"动"的肢体，写骨气即是写着动的核心。中国绘画六法中之"骨法用笔"，即系运用笔法把捉物的骨气以表现生命动象。所谓"气韵生动"是骨法用笔的目标与结果。

在这种点线交流的律动的形相里面，立体的、静的空间失去意义，它不复是位置物体的间架。画幅中飞动的物象与"空白"处处交融，结成全幅流动的虚灵的节奏。空白在中国画里不复是包举万象位置万物的轮廓，而是溶入万物内部，参加万象之动的虚灵的"道"。画幅中虚实明暗交融互映，构成缥缈浮动的细缊气韵，真如我们目睹的山川真景。此中有明暗、有凹凸、有宇宙空间的深远，但却没有立体的刻画痕；亦不似西洋油画如可走进的实景，乃是一片神游的意境。因为中国画法以抽象的笔墨把捉物象骨气，写出物的内部生命，则"立体体积"的"深度"之感也自然产生，正不必刻画雕凿，渲染凹凸，反失真态，流于板滞。

然而中国画既超脱了刻板的立体空间、凹凸实体及光线阴影，于是它的画法乃能笔笔灵虚，不滞于物，而又笔笔写实，为物传神。唐志契的《绘画微言》中有句云："墨沈留川影，笔花传百神。"笔既不滞于物，笔乃留有余地，抒写作家自己胸中浩荡之思、奇逸之趣。而引书法入画乃成中国画第一特点。董其昌云："以草隶奇字之法为之，树如屈铁，山如画沙，绝去甜俗蹊径，乃为士气。"中国特有的艺术"书法"实为中国绘画的骨干，各种点线皴法溶解万象超入灵虚妙境，而融诗心、诗境于画景，亦成为中国画第二特色。中国乐教失传，诗人不能弦歌，乃将心灵的情韵表现于书法、画法。书法尤为代替音乐的抽象艺术。在画幅上题诗写字，借书法以点醒画中的笔法，借诗句以衬出画中意境，而并不觉其破坏画景（在西洋油画上题句即破坏其写实幻境），这又是中国画可注意的特色，因中、西画法所表现的"境界层"根本不同：一为写实的，一为虚灵的；一为物我对立的，一为物我浑融的。中国画以书法为骨干，以诗境为灵魂，诗、书、画同属于一境层。西画以建筑空间为间架，以雕塑人体为对象，建筑、雕刻、油画同属于一境层。中国画运用笔勾的线纹及墨色的浓淡直接表达生命情调，透入物象的核心，其精神简淡幽微，"洗尽尘滓，独存孤迥"。唐代大批评家张彦远说："得其形似，则无其气韵。具其彩色，则失其笔法。"遗形似而尚骨气，薄彩色以重笔法。"超以象外，得其环中"，这是中国画宋元以后的趋向。然而形似逼真与色彩浓丽，却正是西洋油画的特色。中西绘画的趋向不同如此。

商、周的钟鼎彝器及盘鉴上图案花纹进展而为汉代壁画，人物、禽兽已渐从花纹图案的包围中解放，然在汉画中还常看到花纹遗迹环绕起伏于人兽飞动的姿态中间，以联系呼应全幅的节奏。东晋顾恺之的画全从汉画脱胎，以线纹流动之美（如春蚕吐丝）组织人物衣褶，构成全幅生动的画面。而中国人物画之发展乃与西洋大异其趣。西洋人物画脱胎于希腊的雕刻，以全身肢体之立体的描摹为主要。中国人物画则一方着重眸子的传神，另一方则在衣褶的飘洒流动中，以各式线纹的描法表现各种性格与生命姿态。南北朝时印度传来西方晕染凹凸阴影之法，虽一时有人模仿，（张僧繇曾于一乘寺门上画凹凸花，远望眼晕如真）然终为中国画风所排斥放弃，不合中国心理。中国画自有它独特的宇宙观点与生命情调，一贯相承，至宋元山水画、花鸟画发达，它的特殊画风更为显著。以各式抽象的点、线渲皴擦摄取万物的骨相与气韵，其妙处尤在点画离披，时见缺落，逸笔撇脱，若断若续，而一点一拂，具含气韵。以丰富的暗示力与象征力代形相的实写，超脱而浑厚。大痴山人画山水，苍苍莽莽，浑化无迹，而气韵蓬松，得山川的元气；其最不似处、最荒率处，最为得神。似真似梦的境界涵浑在一无形无迹，而又无往不在的虚空中："色即是空，空即是色"，气韵流动，是诗、是音乐、是舞蹈，不是立体的雕刻！

中国画既以"气韵生动"即"生命的律动"为终始的对象，而以笔法取物之骨气，所谓"骨法用笔"为绘画的手段，于是晋谢赫的六法以"应物象形""随类赋彩"之模仿自然，及"经营位置"之研究和谐、秩序、比例、匀称等问题列在三四等地位。然而这"模仿自然"及"形式美"，（即和谐、比例等）却系占据西洋美学思想发展之中心的二大中心问题。希腊艺术理论尤不能越此范围。惟逮至近代西洋人"浮士德精神"的发展，美学与艺术理论中乃产生"生命表现"及"情感移入"等问题。而西洋艺术亦自二十世纪起乃思超脱这传统的观点，辟新宇宙观，于是有立体主义、表现主义等对传统的反动，然终系西洋绘画中所产生的纠纷，与中国绘画的作风立场究竟不相同。

西洋文化的主要基础在希腊，西洋绘画的基础也就在希腊的艺术。希腊民族是艺术与哲学的民族，而它在艺术上最高的表现是建筑与雕刻。希腊的庙堂圣殿是希腊文化生活的中心。它们清丽高雅、庄严朴质，尽量表现"和谐、匀称、整齐、凝重、静穆"的形式美。远眺雅典圣殿的柱廊，真如一曲凝住了的音乐。哲学家毕达哥拉斯视宇宙的基本结构，是在数量的比例中表示着音乐式的和谐。希腊的建筑确象征了这种形式严整的宇宙观。柏拉图所称为宇宙本体的"理念"，也是一种合于数学形体的理想图形。亚里士多德也以"形式"与"质料"为宇宙构造的原理。

当时以"和谐、秩序、比例、平衡"为美的最高标准与理想，几乎是一班希腊哲学家与艺术家共同的论调，而这些也是希腊艺术美的特殊征象。

然而希腊艺术除建筑外，尤重雕刻。雕刻则系模范人体，取象"自然"。当时艺术家竟以写幻逼真为贵。于是"模仿自然"也几乎成为希腊哲学家、艺术家共同的艺术理论。柏拉图因艺术是模仿自然而轻视它的价值。亚里士多德也以模仿自然说明艺术。这种艺术见解与主张系由于观察当时盛行的雕刻艺术而发生，是无可怀疑的。雕刻的对象"人体"是宇宙间具体而微，近而静的对象。进一步研究透视术与解剖学自是当然之事。中国绘画的渊源基础却系在商周钟鼎镜盘上所雕绘大自然深山大泽的龙蛇虎豹、星云鸟兽的飞动形态，而以卍字纹、回纹等连成各式模样以为底，借以象征宇宙生命的节奏。它的境界是一全幅的天地，不是单个的人体。它的笔法是流动有律的线纹，不是静止立体的形相。当时人尚系在山泽原野中与天地的大气流衍及自然界奇禽异兽的活泼生命相接触，且对之有神魔的感觉。（楚辞中所表现的境界）他们从深心里感觉万物有神魔的生命与力量。所以他们雕绘的生物也琦玮诡谲，呈现异样的生气魔力。（近代人视宇宙为平凡，绘出来的境界也就平凡。所写的虎豹是动物园铁栏里的虎豹，自缺少深山大泽的气象）希腊人住在文明整洁的城市中，地中海日光朗丽，一切物象轮廓清楚。思想亦游泳于清明的逻辑与几何学中。神秘奇诡的幻感渐失，神们也失去深沉的神秘性，只是一种在高明愉快境域里的人生。人体的美，是他们的渴念。在人体美中发现宇宙的秩序、和谐、比例、平衡，即是发现"神"，因为这些即是宇宙结构的原理，神的象征。人体雕刻与神殿建筑是希腊艺术的极峰，它们也确实表现了希腊人的"神的境界"与"理想的美"。

西洋绘画的发展也就以这两种伟大艺术为背景、为基础，而决定了它特殊的路线与境界。

希腊的画，如庞贝古城遗迹所见的壁画，可以说是移雕像于画面，远看如直立体雕刻的摄影。立体的圆雕式的人体静坐或站立在透视的建筑空间里。后来西洋画法所用油色与毛刷尤适合于这种雕塑的描形。以这种画与中国古代花纹图案画或汉代南阳及四川壁画相对照，其动静之殊令人惊异。一为飞动的线纹，一为沉重的雕像。谢赫的六法以气韵生动为首目，确系说明中国画的特点，而中国哲学如《易经》以"动"说明宇宙人生（天行健，君子以自强不息），正与中国艺术精神相表里。

希腊艺术理论既因建筑与雕刻两大美术的暗示，以"形式美"（即基于建筑美的和谐、比例、对称平衡等）及"自然模仿"（即雕刻艺术的特性）为最高原理，于是理想的艺术创作即系在模仿自然的实相中同时表达出和谐、比例、平衡、整齐的形式美。一座人体雕像须成为一"型范的"，即具体形相溶合于标准形式，实现理想的人相，所谓柏拉图的"理念"。希腊伟大的雕刻确系表现那柏拉图哲学所发挥的理念世界。它们的人体雕像是人类永久的理想型范，是人世间的神境。这位轻视当时艺术的哲学家，不料他的"理念论"反成希腊艺术适合的注释，且成为后来千百年西洋美学与艺术理论的中心概念与问题。

西洋中古时的艺术文化因基督教的禁欲思想，不能有希腊的茂盛，号称黑暗时期。然而哥特式（gothic）的大教堂高耸入云，表现强烈的出世精神，其雕刻神像也全受宗教热情的支配，富于表现的能力，实灌输一种新境界、新技术给与西洋艺术。然而须近代西洋人始能重新了解它的意义与价值。（前之如歌德，近之如法国罗丹及德国的艺术学者。而近代浪漫主义、表现主义的艺术运动，也于此寻找他们的精神渊源。）

十五六世纪"文艺复兴"的艺术运动则远承希腊的立场而更渗入近代崇拜自然、陶醉现实的精神。这时的艺术有两大目标：即"真"与"美"。所谓真，即系模范自然，刻意写实。当时大天才（画家、雕刻家、科学家）达·芬奇（L. da Vinci）在他著名的《画论》中说："最可夸奖的绘画是最能形似的绘画。"他们所描摹的自然以人体为中心，人体的造像又以希腊的雕刻为范本。所以达文西又说："圆描（即立体的雕塑式的描绘法）是绘画的主体与灵魂。"（按：中国的人物画系一组流动线纹之节律的组合，其每一线有独立的意义与表现，以参加全体点线音乐的交响曲。西画线条乃为描画形体轮廓或皴擦光影明暗的一分子，其结果是隐没在立体的境相里，不见其痕迹，真可谓隐迹立形。中国画则正在独立的点线皴擦中表现境界与风格。然而亦由于中、西绘画工具之不同。中国的墨色若一刻画，即失去光彩气韵。西洋油色的描绘不惟幻出立体，且有明暗闪耀烘托无限情韵，可称"色彩的诗"。而轮廓及衣褶线纹亦有其来自希腊雕刻的高贵的美。）达·芬奇这句话道出了西洋画的特点。移雕刻入画面是西洋画传统的立场。因着重极端的求"真"，艺术家从事人体的解剖，以祈认识内部构造的真相。尸体难得且犯禁，艺术家往往黑夜赴坟地盗尸，斗室中灯光下秘密肢解，若有无穷意味。达·芬奇也曾亲手解剖男女尸体三十余，雕刻家唐迪（Donti）自夸曾手剖八十三具尸体之多。这是西洋艺术家的科学精神及西洋艺术的科学基础。还有一种科学也是西洋艺术的特殊观点所产生，这就是极为重要的透视学。绘画既重视自然对象之立体的描摹，而立体对象是位置在三进向的空间，于是极重要的透视术乃被建筑家卜鲁勒莱西（Brunclleci）于十五世纪初期发现，建筑家阿柏蒂（Alberti）第一次写成书。透视学与解剖学为西洋画家所必修，就同书法与诗为中国画家所必涵养一样。而阐发这两种与西洋油画有如此重要关系之学术者为大雕刻家与建筑家，也就同阐发中国画理论及提高中国画地位者为诗人、书家一样。

求真的精神既如上述，求真之外则求"美"，为文艺复兴时画家之热烈的憧憬。真理披着美丽的外衣，寄"自然模仿"于"和谐形式"之中，是当时艺术家的一致的企图。而和谐的形式美则又以希腊的建筑为最高的型范。希腊建筑如巴泰龙（Parthenon）的万神殿表象着宇宙永久秩序；庄严整齐，不愧神灵的居宅。大建筑学家阿柏蒂在他的名著《建筑论》中说："美即是各部分之谐和，不能增一分，不能减一分。"又说："美是一种协调，一种和声。各部会归于全体，依据数量关系与秩序，适如最圆满之自然律'和谐'所要求。"于此可见文艺复兴所追求的美仍是踵步希腊，以亚里士多德所谓"复杂中之统一"（形式和谐）为美的准则。

"模仿自然"与"和谐的形式"为西洋传统艺术（所谓古典艺术）的中心观念已如上述。模仿自然是艺术的"内容"，形式和谐是艺术的"外形"，形式与内容乃成西洋美学史的中心问题。在中国画学的六法中则"应物象形"（即模仿自然）与"经营位置"（即形式和谐）列在第三第四的地位。中、西趋向之不同，于此可见。然则西洋绘画不讲求气韵生动与骨法用笔么？似又不然！

西洋画因脱胎于希腊雕刻，重视立体的描摹；而雕刻形体之凹凸的显露实又凭借光线与阴影。画家用油色烘染出立体的凹凸，同时一种光影的明暗闪动跳跃于全幅画面，使画境空灵生动，自生气韵。故西洋油画表现气韵生动，实较中国色彩为易。而中国画则因工具写光困难，乃另辟蹊径，不在刻画凸凹的写实上求生活，而舍具体、趋抽象，于笔墨点线皴擦的表现力上见本领。其结果则笔情墨韵中点线交织，成一音乐性的"谱构"。其气韵生动为幽淡的、微妙的、静寂的、洒落的、没有彩色的喧哗炫耀，而富于心灵的幽深淡远。

中国画运用笔法墨气以外取物的骨相神态，内表人格心灵。不敷彩色而神韵骨气已足。西洋画则各人有各人的"色调"以表现各个性所见色相世界及自心的情韵。色彩的音乐与点线的音乐各有所长。中国画以墨调色，其浓淡明晦，映发光彩，相等于油画之光。清人沈宗骞在《芥舟学画篇》里论人物画法说："盖画以骨格为主。骨干只须以笔墨写出，笔墨有神，则未设色之前，天然有一种应得之色，隐现于衣裳环珮之间，因而附之，自然深浅得宜，神采焕发。"在这几句话里又看出中国画的笔墨骨法与西洋画雕塑式的圆描法根本取象不同，又看出彩色在中国画上的地位，系附于笔墨骨法之下，宜于简淡，不似在西洋油画中处于主体地位。虽然"一切的艺术都是趋向音乐"，而华堂弦响与明月箫声，其韵调自别。

西洋文艺复兴时代的艺术虽根基于希腊的立场，着重自然模仿与形式美，然而一种近代人生的新精神，已潜伏滋生。"积极活动的生命"和"企向无限的憧憬"，是这新精神的内容。热爱大自然，陶醉于现世的美丽；眷念于光、色、空气。绘画上的彩色主义替代了希腊云石雕像的净素妍雅。所谓"绘画的风俗"继古典主义之"雕刻的风格"而兴起。于是古典主义与浪漫主义，印象主义、写实主义与表现主义、立体主义的争执支配了近代的画坛。然而西洋油画中所谓"绘画的风格"，重明暗光影的韵调，仍系来源于立体雕刻上的阴影及其光的氛围。罗丹的雕刻就是一种"绘画风格"的雕刻。西洋油画境界是光影的气韵包围着立体雕像的核心。其"境界层"与中国画的抽象笔墨之超实相的结构终不相同。就是近代的印象主义，也不外乎是极端的描摹目睹的印象。（渊源于模仿自然）所谓立体主义，也渊源于古代几何形式的构图，其远祖在埃及的浮雕画及希腊艺术史中"几何主义"的作风。后期印象派重视线条的构图，颇有中国画的意味，然他们线条画的运笔法终不及中国的流动变化、意义丰富，而他们所表达的宇宙观景仍是西洋的立场，与中国根本不同。中画、西画各有传统的宇宙观点，造成中、西两大独立的绘画系统。

现在将这两方不同的观点与表现法再综述一下，以结束这篇短论：

（一）中国画所表现的境界特征，可以说是根基于中国民族的基本哲学，即《易经》的宇宙观：阴阳二气化生万物，万物皆禀天地之气以生，一切物体可以说是一种"气积"。（庄子：天，积气也）这生生不已的阴阳二气织成一种有节奏的生命。中国画的主题"气韵生动"，就是"生命的节奏"或"有节奏的生命"。伏羲画八卦，即是以最简单的线条结构表示宇宙万相的变化节奏。后来成为中国山水花鸟画的基本境界的老、庄思想及禅宗思想也不外乎于静观寂照中，求返于自己深心的心灵节奏，以体合宇宙内部的生命节奏。中国画自伏羲八卦、商周钟鼎图花纹、汉代壁画、顾恺之以后历唐、宋、元、明，皆是运用笔法、墨法以取物象的骨气，物象外表的凹凸阴影终不愿刻画，以免笔滞于物。所以虽在六朝时受印度外来影响，输入晕染法，然而中国人则终不愿描写从"一个光泉"所看见的光线及阴影，如目睹的立体真景。而将全幅意境谱入一明暗虚实的节奏中，"神光离合，乍阴乍阳"，《洛神赋》中语以表现全宇宙的气韵生命，笔墨的点线皴擦既从刻画实体中解放出来，乃更能自由表达作者自心意匠的构图。画幅中每一丛林、一堆石，皆成一意匠的结构，神韵意趣超妙，如音乐的一节。气韵生动，由此产生。书法与诗和中国画的关系也由此建立。

（二）西洋绘画的境界，其渊源基础在于希腊的雕刻与建筑。（其远祖尤在埃及浮雕及容貌画）以目睹的具体实相融合于和谐整齐的形式，是他们的理想。（希腊几何学研究具体物形中之普遍形相，西洋科学研究具体之物质运动，符合抽象的数理公式，盖有同样的精神）雕刻形体上的光影凹凸利用油色晕染移入画面，其光彩明暗及颜色的鲜艳流丽构成画境之气韵生动。近代绘风更由古典主义的雕刻风格进展为色彩主义的绘画风格，虽象征了古典精神向近代精神的转变，然而它们的宇宙观点仍是一贯的，即"人"与"物"，"心"与"境"的对立相视。不过希腊的古典的境界是有限的具体宇宙包含在和谐宁静的秩序中，近代的世界观是一无穷的力的系统在无尽的交流的关系中。而人与这世界对立，或欲以小己体合于宇宙，或思裁天役物，伸张人类的权力意志，其主客观对立的态度则为一致（心、物及主观、客观问题始终支配了西洋哲学思想）。

而这物、我对立的观点，亦表现于西洋画的透视法。西画的景物与空间是画家立在地上平视的对象，由一固定的主观立场所看见的客观境界，貌似客观实颇主观（写实主义的极点就成了印象主义）。就是近代画风爱写无边天际的风光，仍是目睹具体的有限境界，不似中国画所写近景一树一石也是虚灵的、表象的。中国画的透视法是提神太虚，从世外鸟瞰的立场观照全整的律动的大自然，他的空间立场是在时间中徘徊移动，游目周览，集合数层与多方的视点谱成一幅超象虚灵的诗情画境。（产生了中国特有的手卷画）所以它的境界偏向远景。"高远、深远、平远"，是构成中国透视法的"三远"。在这远景里看不见刻画显露的凹凸及光线阴影。浓丽的色彩也隐没于轻烟淡霭。一片明暗的节奏表象着全幅宇宙的缊缊的气韵，正符合中国心灵蓬松潇洒的意境。故中国画的境界似乎主观而实为一片客观的全整宇宙，和中国哲学及其他精神方面一样。"荒寒""洒落"是心襟超脱的中国画家所认为最高的境界（元代大画家多为山林隐逸，画境最富于荒寒之趣），其体悟自然生命之深透，可称空前绝后，有如希腊人之启示人体的神境。

中国画因系鸟瞰的远景，其仰眺俯视与物象之距离相等，故多爱写长方立轴以揽自上至下的全景。数层的明暗虚实构成全幅的气韵与节奏。西洋画因系对立的平视，故多用近立方形的横幅以幻现自近至远的真景。而光与阴影的互映构成全幅的气韵流动。

中国画的作者因远超画境，俯瞰自然，在画境里不易寻得作家的立场，一片荒凉，似是无人自足的境界。（一幅西洋油画则须寻找得作家自己的立脚观点以鉴赏之）然而中国作家的人格个性反因此完全融化潜隐在全画的意境里，尤表现在笔墨点线的姿态意趣里面。

还有一件可注意的事，就是我们东方另一大文化区印度绘画的观点，却系与西洋希腊精神相近，虽然它在色彩的幻美方面也表现了丰富的东方情调。印度绘法有所谓"六分"，梵云"萨邓迦"，相传在西历第三世纪始见记载，大约也系综括前人的意见，如中国谢赫的六法，其内容如下：

（1）形相之知识；（2）量及质之正确感受；（3）对于形体之

情感；（4）典雅及美之表示；（5）逼似真象；（6）笔及色之美术的用法。

综观六分，颇乏系统次序。其（1）（2）（3）（5）条不外乎模仿自然，注重描写形相质量的实际。其（4）条则为形式方面的和谐美。其（6）条属于技术方面。全部思想与希腊艺术论之特重"自然模仿"与"和谐的形式"洽相吻合。希腊人、印度人同为阿利安人种，其哲学思想与宇宙观念颇多相通的地方。艺术立场的相近也不足异了。魏晋六朝间，印度画法输入中国，不啻即是西洋画法开始影响中国，然而中国吸取它的晕染法而变化之，以表现自己的气韵生动与明暗节奏，却不袭取它凹凸阴影的刻画，仍不损害中国特殊的观点与作风。

然而中国画趋向抽象的笔墨，轻烟淡彩，虚灵如梦，洗净铅华，超脱暄丽耀彩的色相，却违背了"画是眼睛的艺术"之原始意义。"色彩的音乐"在中国画久已衰落。（近见唐代式壁画，敷色浓丽，线条劲秀，使人联想文艺复兴初期画家薄蒂采丽的油画。）幸宋、元大画家皆时时不忘以"自然"为师，于造化绸缊的气韵中求笔墨的真实基础。近代画家如石涛，亦游遍山川奇境，运奇姿纵横的笔墨，写神会目睹的妙景，真气远出，妙造自然。画家任伯年则更能于花卉翎毛表现精深华妙的色彩新境，为近代希有的色彩画家，令人反省绘画原来的使命。然而此外则颇多一味模仿传统的形式，外失自然真感，内乏性灵生气，目无真景，手无笔法。既缺绚丽灿烂的光色以与西画争胜，又遗失了古人雄浑流丽的笔墨能力。艺术本当与文化生命同向前进；中国画此后的道路，不但须恢复我国传统运笔线纹之美及其伟大的表现力，尤当倾心注目于彩色流韵的真景，创造浓丽清新的色相世界。更须在现实生活的体验中表达出时代的精神节奏。因为一切艺术虽是趋向音乐，止于至美，然而它最深最后的基础仍是在"真"与"诚"。

附言： 德国学者菲歇尔博士 Dr. Otto Fischer 近著《中国汉代绘画》一书，极有价值。拙文颇得暗示与兴感，特在此介绍于国人。又拙文《介绍两本关于中国画学的书并论中国的绘画》，可与此文参看。

原载"中央大学"《文艺丛刊》第 1 卷

第 2 期，1934 年 10 月出版

中西画法所表现的空间意识

中西绘画里一个顶触目的差别，就是画面上的空间表现。我们先读一读一位清代画家邹一桂对于西洋画法的批评，可以见到中画之传统立场对于西画的空间表现持一种不满的态度：

邹一桂说："西洋人善勾股法，故其绘画于阴阳远近，不差锱黍，所画人物、屋树，皆有日影。其所用颜色与笔，与中华绝异。布影由阔而狭，以三角量之。画宫室于墙壁，令人几欲走进。学者能参用一二，亦具醒法。但笔法全无，虽工亦匠，故不入画品。"

邹一桂说西洋画笔法全无，虽工亦匠，自然是一种成见。西画未尝不注重笔触，未尝不讲究意境。然而邹一桂却无意中说出中西画的主要差别点而提出西洋透视法的三个主要画法：

（一）几何学的透视画法。画家利用与画面成直角诸线悉集合于一视点，与画面成任何角诸线悉集于一焦点，物体前后交错互掩，形线按距离缩短，以衬出远近。邹一桂所谓西洋人善勾股，于远近不差锱黍。然而实际上我们的视觉的空间并不完全符合几何学透视，艺术亦不拘泥于科学。

（二）光影的透视法。由于物体受光，显示明暗阴阳，圆浑带光的体积，衬托烘染出立体空间。远近距离因明暗的层次而显露。但我们主观视觉所看见的明暗，并不完全符合客观物理的明暗差度。

（三）空气的透视法。人与物的中间不是绝对的空虚。这中间的空气含着水分和尘埃。地面山川因空气的浓淡阴晴，色调变化，显出远近距离。在西洋近代风景画里这空气透视法常被应用着。英国大画家杜耐（Turner）是此中圣手。但邹一桂对于这种透视法没有提到。

邹一桂所诟病于西洋画的是笔法全无，虽工亦匠，我们前面已说其不确。不过西画注重光色渲染，笔触往往陷没于形象的写实里。而中国绘画中的"笔法"确是主体。我们要了解中国画里的空间表现，也不妨先从那邹一桂所提出的笔法来下手研究。

原来人类的空间意识，照康德哲学的说法，是直观觉性上的先验格式，用以罗列万象，整顿乾坤。然而我们心理上的空间意识的构成，是靠着感官经验的媒介。我们从视觉、触觉、动觉、体觉，都可以获得空间意识。视觉的艺术如西洋油画，给与我们一种光影构成的明暗闪动茫昧深远的空间（伦勃朗的画是典范），雕刻艺术给与我们一种圆浑立体可以摩挲的坚实的空间感觉（中国三代铜器、希腊雕刻及西洋古典主义绘画给予这种空间感）。建筑艺术由外面看也是一个大立体，如雕刻内部则是一种直横线组合的可留可步的空间，富于几何学透视法的感觉。有一位德国学者 Max Schneider 研究我们音乐的听赏里也听到空间境界，层层远景。歌德说，建筑是冰冻住了的音乐。可见时间艺术的音乐和空间艺术的建筑还有暗通之点。至于舞蹈艺术在它回旋变化的动作里也随时显示起伏流动的空间型式。

每一种艺术可以表出一种空间感型。并且可以互相移易地表现它们的空间感型。西洋绘画在希腊及古典主义画风里所表现的是偏于雕刻的和建筑的空间意识。文艺复兴以后，发展到印象主义，是绘画风格的绘画，空间情绪寄托在光影彩色明暗里面。

那么，中国画中的空间意识是怎样？我说：它是基于中国的特有艺术书法的空间表现力。

中国画里的空间构造，既不是凭借光影的烘染衬托（中国水墨画并不是光影的实写，而仍是一种抽象的笔墨表现），也不是移写雕像立体及建筑的几何透视，而是显示一种类似音乐或舞蹈所引起的空间感型。确切地说：是一种"书法的空间创造"。中国的书法本是一种类似音乐或舞蹈的节奏艺术。它具有形线之美，有情感与人格的表现。它不是摹绘实物，却又不完全抽象，如西洋字母而保有暗示实物和生命的姿式。中国音乐衰落，而书法却代替了它成为一种表达最高意境与情操的民族艺术。三代以来，每一个朝代有它的"书体"，表现那时代的生命情调与文化精神。

我们几乎可以从中国书法风格的变迁来划分中国艺术史的时期，像西洋艺术史依据建筑风格的变迁来划分一样。

中国绘画以书法为基础，就同西画通于雕刻建筑的意匠。我们现在研究书法的空间表现力，可以了解中国画的空间意识。

书画的神采皆生于用笔。用笔有三忌，就是板、刻、结。"板"者"腕弱笔痴，全亏取与，状物平扁，不能圆混。"[①] 用笔不板，就能状物不平扁而有圆混的立体味。中国的字不像西洋字由多寡不同的字母所拼成，而是每一个字占据齐一固定的空间，而是在写字时用笔画，如横、直、撇、捺、钩、点（永字八法曰侧、勒、努、趯、策、掠、啄、磔），结成一个有筋有骨有血有肉的"生命单位"，同时也就成为一个"上下相望，左右相近。四隅相招，大小相副，长短阔狭，临时变适"（见运笔都势诀），"八方点画环拱中心"的一个"空间单位"。

中国字若写得好，用笔得法，就成功一个有生命有空间立体味的艺术品。若字和字之间，行与行之间，能"偃仰顾盼，阴阳起伏，如树木之枝叶扶疏，而彼此相让。如流水之沦漪杂见，而先后相承"。这一幅字就是生命之流，一回舞蹈，一曲音乐。唐代张旭见公孙大娘舞剑，因悟草书；吴道子观裴将军舞剑而画法益进。书画都通于舞。它的空间感觉也同于舞蹈与音乐所引起的力线律动的空间感觉。书法中所谓气势，所谓结构，所谓力透纸背，都是表现这书法的空间意境。一件表现生动的艺术品，必然同时

① 见郭若虚：《图画见闻志》。

表现空间感。因为一切动作以空间为条件，为间架。若果能状物生动，像中国画绘一枝竹影，几叶兰草，纵不画背景环境，而一片空间，宛然在目，风光日影，如绕前后。又如中国剧台，毫无布景，单凭动作暗示景界。（尝见一幅八大山人画鱼，在一张白纸的中心勾点寥寥数笔，一条极生动的鱼，别无所有，然而顿觉满纸江湖，烟波无尽。）

中国人画兰竹，不像西洋人写静物，须站在固定地位，依据透视法画出。他是临空地从四面八方抽取那迎风映日偃仰婀娜的姿态，舍弃一切背景，甚至于捐弃色相，参考月下映窗的影子，融会于心，胸有成竹，然后拿点线的纵横，写字的笔法，描出它的生命神韵。

在这样的场合，"下笔便有凹凸之形"，透视法是用不着了。画境是在一种"灵的空间"，就像一幅好字也表现一个灵的空间一样。

中国人以书法表达自然景象。李斯论书法说："送脚如游鱼得水，舞笔如景山兴云。"钟繇说："笔迹者界也，流美者人也……见万类皆象之。点如山颓，摘如雨骤，纤如丝毫，轻如云雾。去若鸣凤之游云汉，来若游女之入花林。"

书境同于画境，并且通于音的境界，我们见雷简夫一段话可知。盛熙明著法书考载雷简夫云："余偶昼卧，闻江涨声，想其波涛翻翻，迅驶掀搕，高下蹙逐，奔去之状，无物可寄其情，遽起作书，则心中之想，尽在笔下矣。"作书可以写景，可以寄情，可以绘音，因所写所绘，只是一个灵的境界耳。

恽南田评画说："谛视斯境，一草一树，一丘一壑，皆洁庵灵想所独辟，总非人间所有。其意象在六合之表，荣落在四时之外。"这一种永恒的灵的空间，是中国画的造境，而这空间的构成是依于书法。

以上所述，还多是就花卉、竹石的小景取譬。现在再来看山水画的空间结构。在这方面中国画也有它的特点，我们仍旧拿西画来作比较观。（本文所说西画是指希腊的及十四世纪以来传统的画境，至于后期印象派、表现主义、立体主义等自当别论。）

西洋的绘画渊源于希腊。希腊人发明几何学与科学，他们的宇宙观是一方面把握自然的现实，他们重视宇宙形象里的数理和谐性。于是创造整齐匀称、静穆庄严的建筑，生动写实而高贵雅丽的雕像，以奉祀神明，象征神性。希腊绘画的景界也就是移写建筑空间和雕像形体于画面；人体必求其圆浑，背景多为建筑（见残留的希腊壁画和墓中人影像）。经过中古时代到文艺复兴，更是自觉地讲求艺术与科学的一致。画家兢兢于研究透视法、解剖学，以建立合理的真实的空间表现和人体风骨的写实。文艺复兴的西洋画家虽然是爱自然，陶醉于色相，然终不能与自然冥合于一，而拿一种对立的抗争的眼光正视世界。艺术不惟摹写自然，并且修正自然，以合于数理和谐的标准。意大利十四、十五世纪画家从乔阿托（Giotto）、波堤切利（Botticelli）、季朗达亚（Ghirlandaja）、柏鲁金罗（Perugino），到伟大的拉斐尔都是墨守着正面对立的看法，画中透视的视点与视线皆集合于画面的正中。画面之整齐、对称、均衡、和谐是他们的特色。虽然这种正面对立的态度也不免暗示着物与我中间一种紧张，一种分裂，不能忘怀尔我，浑化为一，而是偏于科学的理知的态度。然而究竟还相当地保有希腊风格的静穆和生命力的充实与均衡。透视法的学理与技术，在这两世纪中由控试而至于完成。但当时北欧画家如德国的丢勒（Dürer）等则已爱构造斜视的透视法，把视点移向中轴之左右上下，甚至于移向画面之外，使观赏者的视点落向不堪把握的虚空，彷徨追寻的心灵驰向无尽。到了十七、十八世纪，巴镂刻（Baroque）风格的艺术更是驰情入幻，眩艳逞奇，摛葩织藻，以寄托这彷徨落寞、苦闷失望的空虚。视线驰骋于画面，追寻空间的深度与无穷。（Rembrandt 的油画）

所以西洋透视法在平面上幻出逼真的空间构造，如镜中影、水中月，其幻愈真，则其真愈幻。逼真的假象往往令人更感为可怖的空幻。加上西洋油色的灿烂炫耀，遂使出发于写实的西洋艺术，结束于诙诡艳奇的唯美主义（如 Gustave Moreau）。至于近代的印象主义、表现主义、立体主义未来派等乃遂光怪陆离，不可思议，令人难以追踪。然而彷徨追寻是它们的核心，它们是"苦闷的象征"。

我们转过头来看中国山水画中所表现的空间意识！

中国山水画的开创人可以推到六朝、刘宋时画家宗炳与王微。他们两人同时是中国山水画理论的建设者。尤其是对透视法的阐发及中国空间意识的特点透露了千古的秘蕴。这两位山水画的创始人早就决定了中国山水画在世界画坛的特殊路线。

宗炳在西洋透视法发明以前一千年已经说出透视法的秘诀。

我们知道透视法就是把眼前立体形的远近的景物看作平面形以移上画面的方法。一个很简单而实用的技巧，就是竖立一块大玻璃板，我们隔着玻璃板"透视"远景，各种物景透过玻璃映现眼帘时观出绘画的状态，这就是因远近的距离之变化，大的会变小，小的会变大，方的会变扁。因上下位置的变化，高的会变低，低的会变高。这画面的形象与实际的迥然不同。然而它是画面上幻现那三进向空间境界的张本。

宗炳在他的《画山水序》里说："今张绡素以远映，则崐阆之形可围于方寸之内，竖划三寸，当千仞之高，横墨数尺，体百里之远。"又说："去了稍阔，则其见弥小。"那"张绡素以远映"，不就是隔着玻璃以透视的方法么？宗炳一语道破于西洋一千年前，然而中国山水画却始终没有实行运用这种透视法，并且始终躲避它，取消它，反对它。如沈括评斥李成仰画飞檐，而主张以大观小。又说从下望上只会见一重山，不能重重悉见，这是根本反对站在固定视点的透视法。又中国画画棹面、台阶、地席等都是上阔而下狭，这不是根本躲避和取消透视看法？我们对这种怪事也可以在宗炳、王微的画论里得到充分的解释。王微的《叙画》里说："古人之作画也，非以案城域，辨方州，标镇阜，划浸流，本乎形者融，灵而变动者心也。灵无所见，故所托不动，目有所极，故所见不周。于是乎以一管之笔，拟太虚之体，以判躯之状，尽寸眸之明。"在这话里王微根本反对绘画是写实和实用的。绘画是托不动的形象以显现那灵而变动（无所见）的心。绘画不是面对实景，画出一角的视野（目有所极故所见不周），而是以一管之笔，拟太虚之体。那无穷的空间和充塞这空间的生命（道），是绘画的真正对象和境界。所以要从这"目有所极故所见不周"的狭隘的视野和实景里解放出来，而放弃那"张绢素以远映"的透视法。

《淮南子》的《天文训》首段说："……道始于虚霩（通廓），虚霩生宇宙，宇宙生气……"这和宇宙虚廓合而为一的生生之气，正是中国画的对象。而中国人对于这空间和生命的态度却不是正视的抗衡，紧张的对立，而是纵身大化，与物推移。中国诗中所常用的字眼如盘桓、周旋、徘徊、流连，哲学书如《易经》所常用的如往复、来回、周而复始、无往不复，正描出中国人的空间意识。我们又见到宗炳的《画山水序》里说得好："身所盘桓，目所绸缪，以形写形，以色写色。"中国画山水所写出的岂不正是这目所绸缪，身所盘桓的层层山、叠叠水，尺幅之中写千里之景，而重重景象，虚灵绵邈，有如远寺钟声，空中回荡。宗炳又说："抚琴弄操，欲令众山皆响"，中国画境之通于音乐，正如西洋画境之通于雕刻建筑一样。

西洋画在一个近立方形的框里幻出一个锥形的透视空间，由近至远，层层推出，以至于目极难穷的远天，令人心往不返，驰情入幻，浮士德的追求无尽，何以异此？

中国画则喜欢在一竖立方形的直幅里，令人抬头先见远山，然后由远至近，逐渐返于画家或观者所流连盘桓的水边林下。《易经》上说："无往不复，天地际也。"中国人看山水不是心往不返，目极无穷，而是"返身而诚"，"万物皆备于我"。王安石有两句诗云："一水护田将绿绕，两山排闼送青来。"前一句写盘桓、流连、绸缪之情；下一句写由远至近、回返自心的空间感觉。

这是中西画中所表现空间意识的不同。

原载《中国艺术论丛》第 1 辑，

1936 年商务印书馆出版

哲学与艺术

——希腊大哲学家的艺术理论

一、形式与心灵表现

艺术有"形式"的结构，如数量的比例（建筑）、色彩的和谐（绘画）、音律的节奏（音乐），使平凡的现实超入美境。但这"形式"里面也同时深深地启示了精神的意义、生命的境界、心灵的幽韵。

艺术家往往倾向以"形式"为艺术的基本，因为他们的使命是将生命表现于形式之中。而哲学家则往往静观领略艺术品里心灵的启示，以精神与生命的表现为艺术的价值。

希腊艺术理论的开始就分这两派不同的倾向。克山罗凤

（Xenophon）① 在他的回忆录中记述苏格拉底（Socrates）曾经一次与大雕刻家克莱东（Kleiton）的谈话，后人推测就是指波里克勒（Polycretesr）②。当这位大艺术家说出"美"是基于数与量的比例时，这位哲学家就很怀疑地问道："艺术的任务恐怕还是在表现出心灵的内容罢?"苏格拉底又希望从画家拔哈希和斯（Parrhasios）知道艺术家用何手段能将这有趣的、窈窕的、温柔的、可爱的心灵神韵表现出来。苏格拉底所重视的是艺术的精神内涵。

但希腊的哲学家未尝没有以艺术家的观点来看这宇宙的。宇宙（Cosmos）这个名词在希腊就包含着"和谐、数量、秩序"等意义。毕达哥拉斯（Pythagoras 希腊大哲）以"数"为宇宙的原理。当他发现音之高度与弦之长度成为整齐的比例时，他将何等地惊奇感动，觉着宇宙的秘密已在面前呈露：一面是"数"的永久定律，一面即是至美和谐的音乐。弦上的节奏即是那横贯全部宇宙之和谐的象征！美即是数，数即是宇宙的中心结构，艺术家是探乎于宇宙的秘密的！

但音乐不只是数的形式的构造，也同时深深地表现了人类心灵最深最秘处的情调与律动。音乐对于人心的和谐、行为的节奏，极有影响。苏格拉底是个人生哲学者，在他是人生伦理的问题比宇宙本体问题还更重要。所以他看艺术的内容比形式尤为要紧。而西洋美学中形式主义与内容主义的争执，人生艺术与唯美艺术的分歧，已经从此开始。但我们看来，音乐是形式的和谐，也是

---

① 克山罗风（约前430—约前352），今译色诺芬。苏格拉底的学生。
② 波里克勒（约前450—前420）：希腊雕刻家与建筑家。

心灵的律动，一镜的两面是不能分开的。心灵必须表现于形式之中，而形式必须是心灵的节奏，就同大宇宙的秩序定律与生命之流动演进不相违背，而同为一体一样。

二、原始美与艺术创造

艺术不只是和谐的形式与心灵的表现，还有自然景物的描摹。"景""情""形"是艺术的三层结构。毕达哥拉斯以宇宙的本体为纯粹数的秩序，而艺术如音乐是同样地以"数的比例"为基础，因此艺术的地位很高。苏格拉底以艺术有心灵的影响而承认它的人生价值。而大哲柏拉图则因艺术是描摹自然影像而贬斥之。他以为纯粹的美或"原始的美"是居住于纯粹形式的世界，就是万象之永久典范，所谓观念世界。美是属于宇宙本体的。（这一点上与毕达哥拉斯同义。）真、善、美是居住在一处。但它们的处所是超越的、抽象的、纯精神性的。只有从感官世界解脱了的纯洁心灵才能接触它。我们感官所经验的自然现象，是这真实世界的影像。艺术是描摹这些偶然的变幻的影子，它的材料是感官界的物质，它的作用是感官的刺激。所以艺术不仅不能引着我们达到真理，止于至善，且是一种极大的障碍与蒙蔽。它是真理的"走形"，真实的"曲影"。柏拉图根据他这种形而上学的观点贬斥艺术的价值，推崇"原始美"。我们设若要挽救艺术的价值与地位，也只有证明艺术不是专造幻象以娱人耳目。它反而是宇宙万物真相的阐明、人生意义的启示。证明它所表现的正是世界的真实的形象，然后艺术才有它的庄严，有它的伟大使命。不是市场上贸易肉感的货物，如柏拉图所轻视所排斥的。（柏氏以后的艺术理论是走的这条路。）

三、艺术家在社会上的地位

柏拉图这样的看轻艺术，贱视艺术家，甚至要把他们排斥于他的理想共和国之外，而柏拉图自己在他的语录文章里却表示了他是一位大诗人，他对于大宇宙的美是极其了解、极热烈地崇拜的。另一方面我们看见希腊的伟大雕刻与建筑确是表现了最崇高、最华贵、最静穆的美与和谐。真是宇宙和谐的象征，并不仅是感官的刺激，如近代的颓废的艺术。而希腊艺术家会遭这位哲学家如此的轻视，恐怕总有深一层的理由罢！第一点，希腊的哲学是世界上最理性的哲学，它是扫开一切传统的神话——希腊的神话是何等优美与伟大——以寻求纯粹论理的客观真理。它发现了物质元子①与数量关系是宇宙构造最合理的解释。（数理的自然科学不产生于中国、印度，而产于欧洲，除社会条件外，实基于希腊的唯理主义，它的逻辑与几何。）于是那些以神话传说为题材，替迷信作宣传的艺术与艺术家，自然要被那努力寻求精明智慧的哲学家如柏拉图所厌恶了。真理与迷信是不相容的。第二点，希腊的艺术家在社会上的地位，是被上层阶级所看不起的手工艺者、卖艺糊口的劳动者、丑角、说笑者。他们的艺术虽然被人赞美尊重，而他们自己的人格与生活是被人视为丑恶缺憾的（戏子在社

---

① "元子"，即古希腊哲学家留基波和德谟克里特所说的"元子"，或译"原子"。

会上的地位至今还被人轻视）。希腊文豪留奇安（Lucian）描写雕刻家的命运说："你纵然是个飞达亚斯（Phidias）或波里克勒（希腊两位最大的艺术家），创造许多艺术上的奇迹，但欣赏家如果心地明白，必定只赞美你的作品而不羡慕作你的同类，因你终是一个贱人、手工艺者、职业的劳动者。"原来希腊统治阶级的人生理想是一种和谐、雍容、不事生产的人格，一切职业的劳动者为专门职业所拘束，不能让人格有各方面圆满和谐的成就。何况艺术家在礼教社会里面被认为是一班无正业的堕落者、颓废者、纵酒好色、佯狂玩世的人。（天才与疯狂也是近代心理学感到兴味的问题。）希腊最大诗人荷马（Homer）在他的伟大史诗里描绘了一个光彩灿烂的人生与世界。而他的后世却想象他是忘了目的。赫发斯陀（Hephaestus）① 是希腊神们中间的艺术家的祖宗，但却是最丑的神！

艺术与艺术家在社会上为人重视，须经过三种变化：（一）柏拉图的大弟子亚里士多德（Aristoteles）的哲学给予艺术以较高的地位。他以为艺术的创造是模仿自然的创造。他认为宇宙的演化是由物质走向形式，就像希腊的雕刻家在一块云石里幻现成人体的形式。所以他的宇宙观已经类似艺术家的；（二）人类轻视职业的观念逐渐改变，尤其将艺术家从工匠的地位提高。希腊末期哲学家普罗亭诺斯（Plotinos）发现神灵的势力于艺术之中，艺

---

① 赫发斯陀，希腊火神。因天生瘸腿，面貌丑陋，遭母亲赫拉厌恶，把他扔入海中。女神忒提斯将他救起，交给仙女抚养。他能建造神殿，又能制造各种用品，被认为是工匠之始祖。

术家的创造若有神助；（三）但直到文艺复兴的时代，艺术家才被人尊重为上等人物。而艺术家也须研究希腊学问，解剖学与透视学。学院的艺术家开始产生，艺术家进大学有如一个学者。

但学院里的艺术家离开了他的自然与社会的环境，忽视了原来的手工艺，却不一定是艺术创作上的幸福。何况学院主义（Academism）往往是没有真生命、真气魄的，往往是形式主义的。真正的艺术生活是要与大自然的造化默契，又要与造化争强的生活。文艺复兴的大艺术家也参加政治的斗争。现实生活的体验才是艺术灵感的源泉。

四、中庸与净化

宇宙是无尽的生命、丰富的动力，但它同时也是严整的秩序、圆满的和谐。在这宁静和雅的天地中生活着的人们却在他们的心胸里汹涌着情感的风浪、意欲的波涛。但是人生若欲完成自己，止于完善，实现他的人格，则当以宇宙为模范，求生活中的秩序与和谐。和谐与秩序是宇宙的美，也是人生美的基础。达到这种"美"的道路，在亚里士多德看来就是"执中""中庸"。但是中庸之道并不是庸俗一流，并不是依违两可、苟且的折中。乃是一种不偏不倚的毅力、综合的意志，力求取法乎上、圆满地实现个性中的一切而得和谐。所以中庸是"善的极峰"，而不是善与恶的中间物。大勇是怯弱与狂暴的执中，但它宁愿近于狂暴，不愿近于怯弱。青年人血气方刚，偏于粗暴。老年人过分考虑，偏于退缩。中年力盛时的刚健而温雅方是中庸。它的以前是生命的前奏，它的以后是生命的尾声，此时才是生命丰满的音乐。这个时期的人生才是美的人生，是生命美的所在。希腊人看人生不似近代人看作演进的、发展的、向前追求的、一个戏本中的主角滚在生活的漩涡里，奔赴他的命运。希腊戏本中的主角是个发达在最强盛时期的、轮廓清楚的人格，处在一种生平唯一的伟大动作中。他像一座希腊的雕刻。他是一切都了解，一切都不怕，他已经奋斗过许多死的危险。现在他是态度安详不矜不惧地应付一切。这种刚健清明的美是亚里士多德的美的理想。美是丰富的生命在和谐的形式中。美的人生是极强烈的情操在更强毅的善的意志统率之下。在和谐的秩序里面是极度的紧张，回旋着力量，满而不溢。希腊的雕像、希腊的建筑、希腊的诗歌以至希腊的人生与哲学不都是这样？这才是真正的有力的"古典的美"！

美是调解矛盾以超入和谐，所以美对于人类的情感冲动有"净化"（Katharsis）的作用。一幕悲剧能引着我们走进强烈矛盾的情绪里，使我们在幻境的同情中深深体验日常生活所不易经历到的情境，而剧中英雄因殉情而宁愿趋于毁灭，使我们从情感的通俗化中感到超脱解放，重尝人生深刻的意味。全剧的结果——即英雄在挣扎中殉情的毁灭——有如阴霾沉郁后的暴雨淋漓，反使我们痛快地重睹晴天朗日。空气干净了，大地新鲜了，我们的心胸从沉重压迫的冲突中恢复了光明愉快的超脱。

亚里士多德的悲剧论从心理经验的立场研究艺术的影响，不能不说是美学理论上的一大进步，虽然他所根据的心理经验是日常的。他能注意到艺术在人生上净化人格的效用，将艺术的地位从柏拉图的轻视中提高，使艺术从此成为美学的主要对象。

五、艺术与模仿自然

一个艺术品里形式的结构，如点、线之神秘的组织，色彩或音韵之奇妙的谐和，与生命情绪的表现交融组合成一个"境界"。每一座巍峨崇高的建筑里是表现一个"境界"，每一曲悠扬清妙的音乐里也启示一个"境界"。虽然建筑与音乐是抽象的形或音的组合，不含有自然真景的描绘。但图画雕刻，诗歌、小说、戏剧里的"境界"则往往寄托在景物的幻现里面。模范人体的雕刻，写景如画的荷马史诗是希腊最伟大最中心的艺术创造，所以柏拉图与亚里士多德两位希腊哲学家都说模仿自然是艺术的本质。

但两位对"自然模仿"的解释并不全同，因此对艺术的价值与地位的意见也两样。柏拉图认为人类感官所接触的自然乃是"观念世界"的幻影，艺术又是描摹这幻影世界的幻影，所以在求真理的哲学立场上看来是毫无价值、徒乱人意、刺激肉感。亚里士多德的意见则不同。他看这自然界现象不是幻影，而是一个个生命的形体。所以模仿它、表现它，是种有价值的事，可以增进知识而表示技能。亚里士多德的模仿论确是有他当时经验的基础。希腊的雕刻、绘画，如中国古代的艺术原本是写实的作品。它们生动如真的表现，流传下许多神话传说。米龙（Myron）雕刻的牛，引动了一个活狮子向它跃搏，一只小牛要向它吸乳，一个牛群要随着它走，一位牧童遥望掷石击之，想叫它走开，一个偷儿想顺手牵去。啊，米龙自己也几乎误认它是自己牛群里的一头！

希腊的艺术传说中赞美一件作品大半是这样的口吻。（中国何尝不是这样?）艺术以写物生动如真为贵。再述一个关于画家的传说。有两位大画家竞赛。一位画了一枝葡萄，这样的真实，引起飞鸟来啄它。但另一位走来在画上加绘了一层纱幕盖上，以致前画家回来看见时伸手欲将它揭去。（中国传说中东吴画家曹不兴尝为孙权画屏风，误发笔点素，因就以作蝇，既而进呈御览，孙权以为生蝇，举手弹之。）这种写幻如真的技术是当时艺术所推重。亚里士多德根据这种事实说艺术是模仿自然，也不足怪了。何况人类本有模仿冲动，而难能可贵的写实技术也是使人惊奇爱慕的呢。

但亚里士多德的学说不以此篇为满足。他不仅是研究"怎样地模仿"，他还要研究模仿的对象。艺术可就三方面来观察：（一）艺术品制作的材料，如木、石、音、字等；（二）艺术表现的方式，即如何描写模仿；（三）艺术描写的对象。但艺术的理想当然是用最适当的材料，在最适当的方式中，描摹最美的对象。所以艺术的过程终归是形式化，是一种造型。就是大自然的万物也是由物质材料创造千形万态的生命形体。艺术的创造是"模仿自然创造的过程"（即物质的形式化）。艺术家是个小造物主，艺术品是个小宇宙。它的内部是真理，就同宇宙的内部是真理一样。所以亚里士多德有一句很奇异的话："诗是比历史更哲学的。"这就是说诗歌比历史学的记载更近于真理。因为诗是表现人生普遍的情绪与意义，史是记述个别的事实；诗所描述的是人生情理中的必然性，历史是叙述时空中事态的偶然性。文艺的事是要能在一件人生个别的姿态行动中，深深地表露出人心的普遍定律。（比心理学更深一层更为真实的启示。莎士比亚是最大的人心认识者。）艺术的模仿不是徘徊于自然的外表，乃是深深透入真实的必然性。所以艺术最邻近于哲学，它是达到真理表现真理的另一道路；它使真理披了一件美丽的外衣。

艺术家对于人生对于宇宙因有着最虔诚的"爱"与"敬"，从情感的体验发现真理与价值，如古代大宗教家、大哲学家一样，而与近代由于应付自然，利用自然，而研究分析自然之科学知识根本不同。一则以庄严敬爱为基础，一则以权力意志为基础。柏拉图虽阐明真知由"爱"而获证入！但未注意伟大的艺术是在感官直觉的现量境中领悟人生与宇宙的真境，再借感觉界的对象表现这种真实。但感觉的境界欲作真理的启示须经过"形式"的组织，否则是一堆零乱无系统的印象（科学知识亦复如是）。艺术的境界是感官的，也是形式的。形式的初步是"复杂中的统一"。所以亚里士多德已经谈到这个问题。艺术是感官对象。但普通的日常实际生活中感觉的对象是一个个与人发生交涉的物体，是刺激人欲望心的物体。然而艺术是要人静观领略，不生欲心的。所以艺术品须能超脱实用关系之上，自成一形式的境界，自织成一个超然自在的有机体。如一曲音乐缥缈于空际，不落尘网。这个艺术的有机体对外是一独立的"统一形式"，在内是"力的回旋"，丰富复杂的生命表现。于是艺术在人生中自成一世界，自有其组织与启示，与科学哲学等并立而无愧。

六、艺术与艺术家

艺术与艺术家在人生与宇宙的地位因亚里士多德的学说而提高了。飞达亚斯（Phidias）雕刻宙斯（Zeus）神像，是由心灵里创造理想的神境，不是模仿刻画一个自然的物像。艺术之创造是艺术家由情绪的全人格中发现超越的真理真境，然后在艺术的神奇的形式中表现这种真实。不是追逐幻影，娱人耳目。这个思想是自圣奥古斯丁（Aurelius Augustinus）[1]、斐奇路斯（Marsilio Ficinus）[2]、卜罗洛（Giordano Bruno）[3]、歇福斯卜莱（Anthony Ashley Cooper Shaftesbury）[4]、温克尔曼（Johann winckelman）[5] 等等以来认为近代美学上共同的见解了。但柏拉图轻视艺术的理论，在希腊的思想界确有权威。希腊末期的哲学家普罗亭诺斯（Plotinos）[6] 就是徘徊在这两种不同的见解中间。他也像柏拉图以为真、美是绝对的、超越的存在于无迹的真界中，艺术家须能超拔自己观照到这超越形象的真、美，然后才能在个别的具体的艺术

---

[1] 奥古斯丁（354—430），今译奥斯定。古罗马基督教思想家，拉丁教父主要代表。

[2] 斐奇路斯（1433—1499），今译为费奇诺。意大利思想家，佛罗伦萨柏拉图学院派最著名代表。

[3] 卜罗洛（1548—1600），今译布鲁诺。文艺复兴时期意大利天文学家、哲学家。泛神论唯物主义主要代表。

[4] 歇福斯卜莱（1671—1713），今译莎夫茨伯利，亦译舍夫茨别利。英国哲学家、伦理学家、神学家。

[5] 温克尔曼（1717—1768）：德国艺术史家、美学家。主要著作有《古代艺术史》等。

[6] 普罗亭诺斯（205—270），今译普罗提诺。罗马帝国时期的哲学家，新柏拉图学派奠基人。

作品中表现真、美的幻影。艺术与这真、美境界是隔离得很远的。真、美，譬如光线；艺术，譬如物体，距光愈远得光愈少。所以大艺术家最高的境界是他直接在宇宙中观照得超形象的美。这时他才是真正的艺术家，尽管他不创造艺术品。他所创造的艺术不过是这真、美境界的余辉映影而已。所以我们欣赏艺术的目的也就是从这艺术品的兴感渡入真、美的观照。艺术品仅是一座桥梁，而大艺术家自己固无需乎此。宇宙"真、美"的音乐直接趋赴他的心灵。因为他的心灵是美的。普罗亭诺斯说："没有眼睛能看见日光，假使它不是日光性的。没有心灵能看见美，假使他自己不是美的。你若想观照神与美，先要你自己似神而美。"

美与传统

说《周易》

中国八卦："四时自成岁"之历律哲学

中国"范围天地之化而不过，曲成万物而不遗，通乎昼夜之道而知，故神无方而易无体。"以虚运实，乃能不"举一隅以当之"。无方无体，非几何学之境。"通乎昼夜之道而知"，其知在通乎时间之节奏，而非以勘测空间之排列为主。

"生生之谓易。"其变易非空间中地位之移动，乃性质一"刚柔相推而生变化"之发展绵延于时间。故"盛德大业至矣哉！"德之盛，乃性质之丰富。而非空间上量之抽象同一。"富有之谓大业，日新之谓盛德。"

"阴阳不测之谓神"，"神无方而易无体"，皆非数学几何学可能测算之方兴体也。

"以言乎天地之间则备矣。""夫《易》圣人所以崇德而广业也。"

"天地设位，（是几何境界）而《易》行乎其中矣。""生生之谓易"，"圣人有以见天下之动，而观其会通，（荀爽①曰：谓三百八十四爻阴阳动移，各有所会，各有所通。）以行其典礼。"（王注：典礼，适时之用也。）"易与天地准，故能弥纶天地之道。"（虞曰：准，同也；弥大，纶络，谓易在天下，包络万物，以言乎天地之间则备矣，故与天地准也。）立象以尽意也。

"大衍之数五十，其用四十有九。"京房②曰："五十者谓十日，十二辰，二十八宿也，凡五十。其一不用者，天之生气，特欲以虚来实，故用四十九焉。（疏）"

马融③曰："易有太极，北辰是也。太极生两仪，两仪生日月，日月生四时，四时生五行，五行生十二月，十二月生二十四气，北辰居中不动，其余四十九，转运两用也。"

王弼曰："演天地之数，所赖者五十也。其用四十有九，则其一不用也。不用而用以之通，非数而数以之成，斯易之太极也。（太极即虚，通之用，所以成万物也。）四十有九，数之极也。夫

---

① 荀爽（128—190）：东汉经学家，字慈明，颍川颍阴（今河南许昌）人。著有《周易注》十一卷，已佚。

② 京房（前77—前37）：西汉今文易学"京氏学"的开创者，律学家。本姓李，字君明。东郡顿邱（今河南清丰西南）人，著作《京氏易传》，今存三卷，其它皆失传。

③ 马融（79—166）：东汉经学家。字季长，右扶风茂陵（今陕西兴平东北）人。注有《周易》著作，已佚。

无不可以无明，必因于有，故常于有物之极，而必明其所由之宗也。"（此不用之数为通及成之原理。）①

"昔者圣人之作易也，将以顺性命之理。是以，立天之道曰阴与阳，立地之道曰柔与刚，立人之道曰仁与义。"中国之空间象："天地定位，山泽通气，雷风相薄，水火不相射。八卦相错……然后能变化，既成万物也。"

"是故《易》有太极，（虞翻曰：太极，太一，分为天地，故生两仪也。）（郑康成曰：极中之道，淳和未分之道也。）② 是生两仪，两仪生四象。（虞翻曰：四象，四时也，两仪，谓乾坤也。）四象生八卦。"（虞翻曰：乾二五之坤，则生震坎艮，坤二五之乾，则生巽离兑，③ 故四象生八卦，乾坤生春，艮兑生夏，震巽生秋，坎离生冬者也。）

中国哲学既非"几何空间"之哲学，亦非"纯粹时间"（柏格森）之哲学，乃"四时自成岁"之历律哲学也。纯粹空间之几何境、数理境，抹杀了时间，柏格森乃提出"纯粹时间"（排除空间化之纯粹绵延境）以抗之。近代物理学时空（仍为时间之空间化！）合体之四进向世界，皆为理知抽象之业绩。时空之"具体的全景"（Concret whole），乃四时之序，春夏秋冬、东南西北之合奏的历律也，斯即"在天成象，在地成形"之具体的全景

---

① 作者原注："通乃能成。虚乃能通。不虚则不通。不通，则不成。"

② 作者原注："《文选注》引。"郑康成，即郑玄（127—200），东汉末年经学大师。北海高密（今山东高密西南）人。著有《易论》《易赞》，并为《周易》等作注。

③ 作者评曰："八卦生于乾坤阴阳之交易。"

也。"是故法象莫大乎天地；变通莫大乎四时；县象著明莫大乎日月；崇高莫大乎富贵；（充实之美）备物致用，立成器以为天下利，莫大乎圣人。""以制器者尚其象。"象即中国形而上之道也。象具丰富之内涵意义（立象以尽意），于是所制之器，亦能尽意，意义丰富，价值多方。宗教的、道德的、审美的、实用的溶于一象。所立之象为何？"八卦成列，象在其中矣！"老子曰："执大象，天下往。"斯殆大象矣乎！

八卦者何？乾（天），离（日），坎（水），震（雷），巽（风），天象；坤（地），艮（山），兑（泽），地形。在天成象，在地成形！

《象》曰："君子以正位凝命。"此中国空间天地定位之意象，表示于"器"中，显示"生命中天则（天序天秩）之凝定。"以器为载道之象！条理而生生。鼎为烹调之器，生活需用之最重要者，今制之以为生命意义，天地境界之象征。"正位凝命"四字，人之行为鹄的法则，尽于此矣。此中国空间意识之最具体最真确之表现也。希腊几何学求知空间之正位而已。中国则求正位凝命，是即生命之空间化，法则化，典型化。亦为空间之生命化，意义化，表情化。空间与生命打通，亦即与时间打通矣。正位：序秩之象；凝命，中和之象。鼎有新义，盛义。《易·杂卦传》曰："革，去故也；鼎，取新也。"鼎为烹物之器，腥者使熟，坚者使柔，故有更新之义。①

鼎卦：中国空间之象

鼎，三足两耳，以金类为之，大小不同，其用亦异。夏禹收九州之金，铸为九鼎，遂以为传国之重器，故得天下为定鼎。（《左传》）"天子春秋鼎盛。"（《汉书》），鼎有壮盛貌。《序卦》曰："革物者莫若鼎，故受之以鼎。"注曰："革去故，鼎取新，既以去故，则宜制器立法，以治新也。鼎所以和齐生物，成新之器也，故取象焉。"（以制器立法完成新生命）②

䷱（巽下离上），元吉亨。（王注曰："革去故而鼎取新。取新而当其人，易故而法制齐明。吉，然后乃亨，故先元吉而后亨也。鼎者，成变之卦也。革既变矣（鼎卦承革卦之后），则制器立法以成之焉。变而无制，乱可待也；法制应时，然后乃吉，贤愚有别，尊卑有序，然后乃亨，故先元吉而后乃亨。

《彖》曰："鼎，象也。以木巽火，亨饪也。"（《说文》引作孰饪，其义为长。）虞翻曰："六十四卦皆观象系辞，而独于鼎言象，何也？象事知器故独言象也。"荀爽曰："巽入离下，中有乾象，木火在外，金在其内，鼎镬烹饪之象也。"《九家易》曰："鼎言象者，卦也，木火互有乾兑，乾金兑泽，泽者水也。爨以木

---

① 作者于此段上注曰："鼎卦䷱巽下离上。《象》曰：'以木巽火，亨饪也。'革与鼎，治历明时及正位凝命，则空时合体矣。时中有空（天地），空中有时（命）！中和序秩之空间意象为鼎，时间意象为革。"

② 作者于此段上注曰："革卦后即鼎卦。鼎象文化之创造（造型），鼎独言象。制器立法之象。"

火，是鼎镬亨饪之象，亦象三公之位，上则调和阴阳，下而抚毓百姓，鼎能孰物养人，故云：象也。"王注云："法象也。烹饪，鼎之用也。"

《象》曰："木上有火，鼎。君子以正位凝命。"（虞翻曰："君子谓三也，鼎五爻失正，独三得位，故以正位凝成也①，体姤，谓阴始凝初，巽为命，故君子以正位凝命也。"）王注曰："凝者，严整之貌也。鼎者，取新成变者也，革去故而鼎成新。正位者，明尊卑之序也。凝命者，以成教命之严也。"郑曰："凝，成也。"翟元曰："凝，度也。"

鼎之象："初六，鼎颠趾，利出否，得妾以其子，无咎。……九二，鼎有实……九三，鼎耳革，……九四，鼎折足……六五，鼎黄耳金铉……上九，鼎玉铉。"程传曰："君子观鼎之象，以正位凝命，鼎者法象之器，其形端正，其体安重，取其端正之象，则以正其位，谓正其所居之位，取其安重之象，则凝其命令，安重，命令也；凝，聚止之义，谓安重也。"②

"鼎：元吉，亨。《象》曰：鼎，象也。以木巽火，亨饪也。圣人亨以享上帝，而大亨以养圣贤。巽而耳目聪明，柔进而上行，得中而应乎刚，是以元亨。"

孔颖达《周易正义》曰："鼎者，器之名也。自火化之后，铸金而为此器，以供烹饪之用，谓之为鼎。烹饪成新，能成新法。

---

① 作者原注："于一切不正之中持其正。"
② 作者于上数段上注曰："由事知器，以事知象！木上有火，象事知器，事为器构成之原理。离为火☲……正位，巽为木☴……凝命，䷾既济。"

然则，鼎之为器，且有二义：一有亨饪之用，二有物象之法，故《彖》曰："鼎，象也。明其有法象也。《杂卦》曰：革去故而鼎取新，明其烹饪有成新之用，此卦明圣人革命，示物法象，惟新其制，有鼎之义。以木巽火，有鼎之象。（此卦象）故名（此卦）为鼎焉。变故成新，必须当理，故先元吉而后乃亨。"又曰：

亨饪所须，不出二种：一供祭祀，二当宾客。若祭祀则天神为大，宾客则圣贤为重。故质其牲大则轻小可知。

享帝直言亨，养人则合大亨者，亨帝尚质，特性而已。故直言亨，圣贤既多，养须饱饫，故亨上加大字也。①

程伊川《易传》曰："卦之为鼎，取鼎之象也。鼎之为器，法（取法）卦之象也。有象而后有器，卦复用器而为义也。鼎，大器也，重宝也，故其制作形模法象尤严。卦之为鼎，以其象也。以木巽火，以二体言，鼎之用也。以木从火，所以烹饪也。鼎之为器，生人所顿至切者，极其用之大，则圣人亨以享上帝，大亨以养圣贤。圣人，古之圣王，大言其广，下体巽，为巽顺于理，离明而中虚于上，为耳目聪明之象。凡离在上者，皆云柔进而上行，柔在下之物，乃居尊位，进而上行也。以明居尊而得中道，应乎刚，能用刚阳之道也。王居中而又以柔而应刚，为得中道，

---

① 作者于此段上注曰："火☲离 木☴巽"数理之'法象'为永恒性的。鼎之法象乃为革故成新的！希腊哲学之出发为空间之形、数；中国为鼎、器。"

其才如此，所以能元亨也。"①

郑康成曰："鼎，象也。卦有木火之用，互体乾兑，（☳兑☲乾）乾为金，兑为泽，泽钟金而含水，爨以木火，鼎烹熟物之象，鼎烹熟以养人，犹圣君兴仁义之道以教天下也。故谓之鼎矣。"②

革卦：中国时间生命之象

"革（上兑下离）：已日乃孚（过了些日子乃孚），元亨。利贞，悔亡。

《彖》曰：革，水火相息，二女同居，其志不相得曰革。"已日乃孚"，革而信之（申之），文明以说，大"亨"以正（创造性之时间）。革而当，其"悔"乃"亡"。天地革而四时成。汤武革命，顺乎天而应乎人。革之时，大矣哉。

《象》曰："泽中有火，革。君子以治历明时。"

（朱子《本义》曰："四时之变，革之大者。"）

案：虞翻曰："历象，谓日月星辰也……天地革而四时成，故君子以治历明时也。"崔氏憬③曰："火就燥，泽资湿，二物不相得，终宜易之，故曰：泽中有火，革也。"苏嵩评曰："四时之

---

① 作者于此段上注曰："人生生命不断求形式以完成其生命、使命，即正位凝命！"又曰："革卦，程传曰：水火相息，为革之变也。君子观变革之象，推日月星辰之迁，而以治历数，明四时之序也。夫变易之道，事之至大，理之至明，迹之至著，莫如四时，观四时而顺变革，则与天地合其序矣！王注曰：'历数时会存乎变也'！"

② 作者于此段上注曰："Prometheus，盗天火以兴人类之文明。"Prometheus，普罗米修斯，希腊语意为"先觉者"。

③ 崔憬：唐代易学家。著有《易探玄》，已佚。

革，莫若于金火之交，此卦离（夏）南兑（秋）西，故传发明时之义，又历法顺天求合，久则必差，差则必革，此数理之自然，圣人作易，早知之矣。"丁寿昌案："互乾为天，离为目，为明，君子仰以观于天文，所以治历明时也。"

《杂卦传》曰："革，去故也；鼎，取新也。"生生之谓易也。革与鼎，生命时空之谓象也。

"革"有观于四时之变革，以治历时！"鼎"有观于空间鼎象之"正位"以凝命。①

　　　　▤ 既济　革 ䷰　鼎 ䷱　未济 ䷿

革卦与既济合观。九四打破既济之僵局，革故生新，生命乃能创造。故《象》曰："九四，悔亡，有孚改命，吉。"《象传》曰："改命之吉，信志也。"王注曰："……九四处上卦之下，故能变也。无应，悔也。与水火相比，能变者也，是以悔亡，处水火之际（既济《象传》曰："水在火上，既济。君子以思患而预防之。"），居会变之始，能不固吝，不疑于下，信志改命，不失时愿，是以吉也。有孚则见信矣，见信以改命，则物安而无违，故曰：'悔亡，有孚改命，吉'也。处上体之下，始宣命也。"信

_____

　　① 作者于此数段上注曰："水☵乾，火☲目革在鼎前。革与鼎为中国人生观之二大原理，二大法象。即'治历明时'与'正位凝命'是也！一象征时间境，一象征空间境，实为时空合体境。"

志者，"信志而行。"①

程传曰："九四，革之盛也。阳刚，革之才也。离下体而进上体，革之时也。居水火之际，革之势也。得近君之位，革之任也。以上无应，革之志也。以九居四，刚柔相际，革之用也。四既具此，可谓当革之时也。"

革卦：以九四入据既济之六四，则成革命。

鼎卦：以九三入据未济之六三，则成鼎新。

䷿未济䷱鼎虞翻曰："（君子以正位凝命）君子谓☰也。鼎五爻失正，独☰得位，故以正位。"故"鼎"为"未济"六爻失正之开始，以☰入于正位。既济之萌芽。"革"为"既济"之开始变动。穷则变，变则通也。

䷿（坎下离上）未济，为完全不正之象。不安不定，动乱不已（未济，君子以辨位居方）。

䷾（离下坎上）既济，为完全中正之象（初吉终乱），既安且定，凝固不动。"无易则乾坤几乎息矣。"

䷰（离下兑上）革，打破既济平衡之僵局。推陈出新，日进无已，自强不息。

䷱（巽下离上）鼎，于未济全部失正之中，独持其正，拨乱世反之正。定鼎制法以完成革命。革卦颠倒则鼎！"未济"颠倒即是"既济"。但易以未济终焉！永远在不正之中求正也！②

---

① 作者于此段上注曰："革鼎二卦与既济、未济之关系。既济成空间之凝定，未济，求时间之变革！"

② 作者于上述数段注曰："易之象教。"又曰："䷖剥。䷗复。"

易之卦象：指示"人生"的"范型"

易之卦象，则欲指示"人生"（示吉凶。八卦以象告，爻象以情立。）在世界中之地位，状态及行动之规律、趋向。此其"范型"为适合于人生之行动的。而笛卡儿则为物质之运动立范型。[1] 太史公曰："人道经纬万端，规矩无所不贯。"此即易象图卦所欲表显者也。

几何，解析几何，皆循理以构形，依数以定量，皆为依他而立，永在关系中之形相，而"象"，则由中和之生命，直感直观之力，透入其核心（中），而体会其"完形的，和谐的机构"（和）。为柏拉图式的观念，超时空因果之机械的限制，而乃为直接欣赏体味（赏其意味）之意象。[2] 子曰："人莫不饮食也，鲜能知味也。"由序秩数理中聆出其内在的节奏和谐，音乐，即能"知味"，即能"以情絜情。"以情体其意味。此时当暂时摆脱"饮食"之实用目的，实际关系，而以解放活跃之情绪抚摩体贴之，而意味出矣，音乐生矣，生命适悦矣！

依"知味"以建立教育"成人"之完形。即希腊之Paideria。[3] 故"中和序秩理数"之境，上升以"成人"之完形，孟子所谓"践形"。向下以制器，即"利用原生"之科学及物质文明。《礼》曰："体不备，君子谓之不成人。"践形，完形，而

---

① 作者于此段上注曰："理为太极，中为太极。"

② 作者于此段上注曰："现量与比量。"

③ 作者于此段上注："geltungen. Werte. formen." Geltungen，德文，指效应、效果；Werte，指意义、价值；Formen，指形成、塑造。

复得称为成人。

象＝是自足的，完形，无待的，超关系的。象征，代表着一个完备的全体！

数＝是依一秩序而确定的，在一序列中占一地点，而受其决定。故"象"能为万物生成中永恒之超绝"范型"，而"数"表示万化流转中之永恒秩序。易，日月也，象如日月，使万物睹！亚里斯多德之"形式"。"象"为建树标准（范型）之力量（天则），为万物创造之原型（道），亦如指示人们认识它之原理及动力。故"象"如日，创化万物，明朗万物！①

象与理数，皆为先验的，象为情绪中之先验的。理数为纯理中的。"象"由仰观天象，反身而诚以得之生命范型。如音乐家静聆其胸中之乐奏。

康德在他的《纯理性批判》（第二部《超越的方法论》Transcendentale Methodenlehre 中）视数学之体质在"构形"。彼引例证：一三角中角度非由概念定义之分析而获得，乃借构三角形之助以观得。②

Weyl《数学底哲学》中说："那位主人，他的隐语在德尔斐的，他不显示，也不隐藏，他在符号里面告示着。"艺术非纯模仿自然，乃窥得自然各现象之自在的"完形底趋向"，而实现之于"象"中，完成自然之动向。"象"是法象，是"天生蒸民，有物有则，民之秉夷，好是懿德"，是天则，懿德之完满底实现意境。

---

① 作者于此段上注曰："静的范型是象，动的范型即道。"
② 作者于此段上注曰："构形以明理，循理以构形。"

象之构成原理，是生生条理。数之构成是概念之分析与肯定，是物形之永恒秩序底分析与确定。

现象者在不完全的，零碎的现象中，观见其象之 Masse，其完全的尺度（意象），其"中"与"和"，其"正"之境地。如观卦者于各卦象中具见实现中正之道，以▤"既济"为"正"，为最完满之象，最后之归趋。改过趋正。①

人类一切概念皆当取自直观之经验与料。但此经验与料中之关系概念，序秩，理数，则本身非具体与料，而为范畴 Principien，um das Konkretum ju bertimmen，为全体经验界之形式方面（条件），其 Masse② 与 Order③，其无所不贯之规矩!④

理性为自然之立法者。吾人构此理网罩于自然之形色境上，俾得以精神把握之。序秩理数把握现象界，中和之音乐直探其意味情趣与价值!⑤

了解世界底基本结构，序秩理数，为宇宙论，范畴论。

既济卦　　六十四卦 { 意义 / 结构

了解世界底意趣（意味）价值为本体论，价值论。⑥

革卦，鼎卦。

---

①　作者于此段上注曰："既济 = Volles Mess der Weltidee 量。"

②　Masse：德文，指质量、物质、物料。

③　Order：德文，指命令、指令。

④　作者于此段上注曰："Unanschauliche lnhalte：无色形味触。"

⑤　作者于此段上注曰："庄子曰：明于本数，系于末度。量 Urmass，规矩，本末终始，终始条理，伦理。"

⑥　作者于此段上注曰："有分量，即有价值。"

量：充类至尽（内含度、数之境）皆属于形上学。

规矩，方圆之至也！可以之量度矣！最高尺度！

Masse 量：最高尺度标准、容量、平衡。"规矩，方圆之至也。圣人，人伦之至也。"

尺度，标准，度，量，衡之一。[1]

Protagoras[2] 曰："人为万物之量。"（尺度）

尼采曰："哲学是万物之量，度，衡之立法者。"

太史公曰："人道经纬万端，规矩无所不贯。"

量 {
最高容量（充实之）。
量最高尺度（精确之）。
最高平衡（标准之）。
}

和
理 { 正（望之以取正）。——实现秩序。
中

放之四海而皆准。

---

① 作者于此段上注曰："明于本数，系于末度。"
② Protagoras（约前 481—前 411）：普罗泰哥拉，古希腊智者派哲学家。

268

说孔子

孔子论志学

孔子曰："吾十有五而志于学。"又曰："学而时习之，不亦说乎。"

（一）学可以扩充发展人之美质。其言曰："十室之邑，必有忠信如丘者焉，不如丘之好学也已。"故曰："玉不雕，不成器；人不学，不知道。"

（二）学可以祛人之偏蔽。其言曰："由也，女闻六言六蔽矣乎？对曰：'未也'。'居，吾语女。好仁不好学，其蔽也愚；好知不好学，其蔽也荡；好信不好学，其蔽也贼；好直不好学，其蔽也绞；好勇不好学，其蔽也乱；好刚不好学，其蔽也狂。'"

（三）学可以广人之知识。孔子曰："我非生而知之者，好古，敏以求之者也。"又曰："生而知之者，上也；学而知之者，次也；困而学之，又其次也；困而不学，民斯为下矣。"

其学何事？"达巷党人曰：'大哉孔子！博学而无所成名。'子闻之，谓门弟子曰：'吾何执？执御乎？执射乎？吾执御矣。'""子所雅言，《诗》，《书》，执礼，皆雅言也。"

孔子之形上学对象与方法

孔子曰："志于道，据于德，依于仁，游于艺。"

志于道者，谓圣人成己成物之道。如明明德、亲民、止至善之宏纲。德者本心固有之良能，随时随地而可见之行事者，如入孝出弟，谨信爱众之细目。道大而难成，故志之。德近在己而随事可行，故据之。依仁而是亲仁，游于艺而行有余，则以学文之意。游其心于六艺之文，如鱼得水，生意流畅，而后志道，据德，依仁，事可久而弗倦也。道为所求，艺为所资，志道必据德，以践其实，依仁以端其实，游艺以泳其心，皆所以学也。故曰："士志于道，而耻恶衣恶食者，未足与议也。""君子谋道不谋食。耕也，馁在其中矣；学也，禄在其中矣。君子忧道不忧贫。""参乎！吾道一以贯之。""夫子之道，忠恕而已矣。"（行己之谓忠，推己之谓恕。）

"子曰：'君子道者三，我无能焉：仁者不忧，知者不惑，勇者不惧。'子贡曰：'夫子自道也'。""子曰'谁能出不由户？何莫由斯道也？'""笃信好学，守死善道。""君子学道则爱人，小人学道则易使也。"

孔子论"道"之精神

孔子之所谓道者，乃人类修己治人之大经大法，所以调治人之性情，救正人之行为，推进人群之治化，而使达于至善至安之地者也。

柏拉图出发寻找一理想的国家，而发现了观念（理型）世界。此道在《论语》名为"天道"。"子贡曰：'夫子之文章，可得而闻也；夫子之言性与天道，不可得而闻也。'"

此道在《礼记》亦名"天理"。天理者，事物之本然之理，不待人为造作者也。《诗》曰："天生蒸民，有物有则。"但《中庸》曰："苟不至德，至道不凝焉。"盖道无为而德有为，道体虚而德用实。道也者，理之不可易也。德也者，善之所由生也。以德凝道，以性定命，然后人心尽而天道显，故曰："人能弘道，非道弘人。"故曰："朝闻道，夕死可矣。"

孔子论"道"与"仁"之关系

道之具体内容为"仁"。孔子曰：

"富与贵，是人之所欲也；不以其道得之，不处也。贫与贱，是人之所恶也；不以其道得之，不去也。君子去仁，恶乎成名？君子无终食之间违仁，造次必于是，颠沛必于是。"孔子叹颜渊三月不违"仁"。

"苟志于仁矣，无恶也。""志士仁人，无求生以害仁，有杀身以成仁。"

仁为道之具体内容。仁即成己成物之精神与生活。"回也，其心三月不违仁，其余则日月至焉而已矣。"

仁即忠恕一贯之道，即成己成物之道。孔门弟子三千，惟许颜渊以好学。子曰："有颜回者好学，不迁怒，不贰过。不幸短命死矣。今也则亡，未闻好学者也。"子曰："古者言之不出，耻躬之不逮也。""君子喻于义，小人喻于利。"

"贤哉，回也！一箪食，一瓢饮，在陋巷。人不堪其忧，回也不改其乐。贤哉，回也！"

"饭疏食饮水，曲肱而枕之，乐亦在其中矣。不义而富且贵，于我如浮云。"

"文，莫吾犹人也。躬行君子，则吾未之有得。"

"仁远乎哉？我欲仁，斯仁至矣。"《子罕》篇则曰："子罕言利与命与仁。"又曰："若圣与仁，则吾岂敢？"于古人唯许殷有三仁，伯夷、叔齐，求仁得仁；于弟子唯称回也其心三月不违仁。故曰："我未见好仁者，恶不仁者。好仁者，无以尚之；恶不仁者，其为仁矣，不使不仁者加乎其身。有能一日用其力于仁矣乎？我未见力不足者。盖有之矣，我未之见也。"

"樊迟问仁。子曰：'爱人。'"

"子曰：'……君子笃于亲，则民兴于仁；故旧不遗，则民不偷。'"

"巧言令色，鲜矣仁。"

"刚毅、木讷，近仁。"

"爱之，能勿劳乎？忠焉，能勿诲乎？"

"唯仁者能好人，能恶人。"

"樊迟问仁。子曰：'爱人'。问知。子曰：'知人'。樊迟未达。子曰：'举直错诸枉，能使枉者直。'樊迟退，见子夏曰：'乡也吾见于夫子而问知，子曰：'举直错诸枉，能使枉者直'，何谓也？'子夏曰：'富哉言乎！舜有天下，选于众，举皋陶，不仁者远矣。汤有天下，选于众，举伊尹，不仁者远矣。'"

夫爱人不难，爱之而出于诚，无所私，则难。爱而劳之不难，忠焉诲之则难。爱之而有时恶之也，此亦非难，好恶皆当于理则难。好恶当理已难，更能举错得道而无所惑，极至于使人皆尽善，枉者皆直，更难夫其难。此仁之所以极少，为则夫妇可由，尽其量则圣人犹有所未尽者也。

"颜渊问仁。子曰：'克己复礼为仁。一日克己复礼，天下归仁焉。为仁由己，而由人乎哉？'"人能克去己私，仁皆由礼，则言行动作，悉合正道，是为仁之方也。

为仁之蔽，务事功而不根于心性，严克治怨欲而不长养其善心也。

"子贡曰：'如有博施于民而能济众，何如？可谓仁乎？'子曰：'何事于仁！必也圣乎！尧舜其犹病诸！夫仁者，己欲立而立人，己欲达而达人。能近取譬，可谓仁之方也已。'"本其所欲以立己达己者而立人达人，即近取譬也。

"民之于仁也，甚于水火。水火，吾见蹈而死者矣，未见蹈仁而死者也。"

子曰："知及之，仁能守之，庄以莅之，动之不以礼，未善也。"

"子路问君子。子曰'修己以敬。'曰：'如斯而已乎？'曰：'修己以安人。'曰：'如斯而已乎？'曰：'修己以安百姓。修己以安百姓，尧舜其犹病诸！'"

"道之以政，齐之以刑，民免而无耻；道之以德，齐之以礼，有耻且格。"

"恭而无礼则劳，慎而无礼则葸，勇而无礼则乱，直而无礼则绞。君子笃于亲，则民兴于仁；故旧不遗，则民不偷。"四者之失，皆己私之为害也。礼者准情理之大公以为节文，非但使贤者勿遏，不肖者毋不及，实在根本使人去我执之偏私，而从义理之公正。故曰克己，曰复礼。克己而私欲去，复礼而天德全。复也者反之于心，如其所固有焉，而仁之道成焉矣。仁也者廓然大公而无人己之畛域，浑然如一体焉。以之事父，则孝思纯笃，以之治民，则推恩及人，以之交友而先施爱敬。故修身为政，皆必以礼也。圣人知是礼之重也，故以之化民，使人民率循于礼教之中，去其鄙野愚顽自私自利之习，而还得互爱互敬，相生相养之道。民兴于善，而天下以平。故曰礼者烦情节性，协义以行，适时以立法，使有所持循以渐入于道者也。

"子路问成人。子曰：'若臧武仲之知，公绰之不欲，卞庄子之勇，冉求之艺，文之以礼乐，亦可以为成人矣。'"子曰："君子不器。"不以一器自矜也。曾子曰："慎终，追远，民德归厚矣。"

子曰："兴于《诗》，立于礼，成于乐。"

子曰："质胜文则野，文胜质则史。文质彬彬，然后君子。""君子义以为质，礼以行之，孙以出之，信以成之。君子哉！"

《礼记》曰："孝子之有深爱者必有和气，有和气者必有愉色，有愉色者必有婉容。"诚中形外，不可勉强。色之附者，难于心平。

孝为仁之基本表现。

"仲弓问仁。子曰：'出门如见大宾，使民如承大祭。己所不欲，勿施于人。在邦无怨，在家无怨。'"（引此"克己复礼为仁"之义）

"人而不仁，如礼何？人而不仁，如乐何？"

"其身正，不令而行；其身不正，虽令不从。"

"苟正其身矣，于从政乎何有？不能正其身，其正人何？"

"子贡曰：'夫子之文章，可得而闻也；夫子之言性与天道，不可得而闻也。'"

天道，即天命，天命流行，有其常轨，故曰"天道"。性者情之所由发，礼之所由生。本乎天而不待人为。朱子集注云："文章，德之见乎外者，威仪文辞皆是也。性者，人所受之天理；天道者，天理自然之本体，其实一理也。言夫子之文章，日见乎外，固学者所共闻；至于性与天道，则夫子罕言之，而学者有不得闻者。盖圣门教不躐等，子贡至是始得闻之，而叹其美也。"此其言性与天道为一，意以天理自然之本体为天道。其一指天之赋，与于人者为性也。邢昺疏云："夫子之述作威仪礼法，有文采形质著明，可以耳听目视，依循学习，故可得而闻也。夫子之言性与天道不可得而闻也者，天之所命，人所受以生，是性也。自然化育，元亨日新，是天道也。……其理深微，故不可得而闻也。"此则以化育日新言天道也。一就本体言，一就作用言，皆以自然赅摄人事。重人事而顺天道，舍人事则无天道，为中国特有精神。重人事故自强而不息，顺天道故乐天而知命。故曰："下学而上达。"①

"子曰：'吾有知乎哉？无知也。有鄙夫问于我，空空如也。我扣其两端而竭焉。'"此苏克拉底之自居无知，而以辩证法驳诘对方也。②

"王孙贾问曰：'与其媚其奥，宁媚于灶，何谓也？'子曰：'不然，获罪于天，无所祷也。'"③

"子疾病，子路请祷。子曰：'有诸？'子对路曰：'有之。《诔》曰：祷尔于上下神祇。'子曰：'丘之祷久矣。'"④（所行无不善，是则丘之祷也。）

"祭如在，祭神如神在，子曰：'吾不与祭，如不祭。'"

"季路问事鬼神。子曰：'未能事人，焉能事鬼？'曰：'敢问死。'曰：'未知生，焉知死？'"事人即包事鬼，知生即能知死也。

---

① 《论语·宪问》："子曰：不怨天，不尤人，下学而上达，知我者其天乎！"作者在此段论述上注曰："人事之形上根据。"

② 《论语·子罕》。作者在引段上面注曰："乐天知命，故不忧，为中国人生中形上境界。"

③ 《论语·八佾》。作者在此段引语上注曰："一切内心化，不重外形。"

④ 《论语·述而》。作者于此段上注曰："不迷信。"

"子曰：'非其鬼而祭之，谄也。见义不为，无勇也。'"①

"樊迟问知。子曰：'务民之义，敬鬼神而远之，可谓知矣。'问仁。曰：'仁者先难而后获，可谓仁矣。'"②

"子曰：'莫我知也夫！'子贡曰：'何为其莫知子也？'子曰：'不怨天，不尤人，下学而上达。知我者其天乎！'"此即乐天知命，自强不息之生活。

子曰："不知命（知命即知天），无以为君子也；不知礼，无以立也（知礼为形下之表现）；不知言，无以知人也。"③

"知"字同时具有主宰之义。如知县、知州。

"子曰：吾十有五而志于学，三十而立，四十而不惑，五十而知天命，六十而耳顺，七十而从心所欲，不逾矩。"

"孔子曰：君子有三畏：畏天命，畏大人，畏圣人之言。小人不知天命而不畏也，狎大人，侮圣人之言。"

《中庸》曰："仲尼祖述尧舜，宪章文武，上律天时，下袭水土。辟如天地之无不持载，无不覆帱。辟如四时之错行，如日月之代明。万物并育而不相害，道并行而不相悖。小德川流，大德敦化。此天地之所以为大也。"④

---

① 《论语·为政》。作者在此段引语上注曰："正义的人生。"
② 《论语·雍也》。作者在"务民之义"旁注曰："此柏拉图立正义人生与国家。"
③ 《论语·尧曰》。在上面三段引语旁，作者加注曰："知我其天。形上界照临形下生活。知命为立身之本。"
④ 《中庸》第三十章。作者在此段上注曰："孔子天命流行境界。以四时错行赞孔子！"

孔子自己则有：

"子曰：'予欲无言。'子贡曰：'子如不言，则小子何述焉？'子曰：'天何言哉？四时行焉，百物生焉，天何言哉？'"

"颜渊喟然叹曰：'仰之弥高，钻之弥坚。瞻之在前，忽焉在后。夫子循循然善诱人，博我以文，约我以礼，欲罢不能。既竭吾才，如有所立卓尔。虽欲从之，末由也已。'"①

---

① 《论语·子罕》。作者在引文上注曰："颜子所见之孔子境界。"

说庄子

第一节 庄子的哲学

《庄子》一书并不是出于庄子一人之手。而是一部庄学丛书。《内篇》大部可靠，《外篇》《杂篇》也有部分的可靠材料，非全伪。我们叙述庄子的思想，以《内篇》为主要的材料。《天下篇》是比较晚期的道家思想，我们不根据它来说明庄子的思想。①

一、天道。

东廓子问于庄子曰：所谓道恶乎在？庄子曰：无所不在。

---

① 作者原注："庄子之中心问题为'决定性'（'有待'与'自由'，自得，逍遥。），'同一性'与'个别性'。"

> 东廓子曰：期而后可。庄子曰：在蝼蚁。曰：何其下邪？曰：在稀（题）稗（音拜）。曰：何其愈下邪？曰：在瓦甓。曰：何其愈甚邪？曰：在屎溺。东廓子不应。（《知北游》）

> 夫道有情有信，无为无形；可传而不可受，可得而不可见；自本至根，未有天地，自古以固存；神鬼神帝，生天生地，在太极之上而不为高，在六极之下而不为深，先天地生而不为久，长于上古而不为老。（《大宗师》）

庄子认为，万物都是道的表现。① 道即是自然，即天，即全宇宙。这一点他是与老子的思想一致。在宇宙论方面来说，他是唯物者，他承认先有存在，再到感觉意识。② 他要以"道"为师：

> 吾师乎！吾师乎！齑③万物而不为义，泽及万世而不为仁，长于上古而不为老，覆载天地，刻雕众形而不为巧。（《大宗师》）

---

① 作者原注："郭象云：'夫事物之近或知其改，然寻其源以至乎极，则无故而自尔也。'自我运动。"

② 作者原注："庄子之二大问题：死生、是非。'方死方生，方生方死。''是亦一无穷，非亦一无穷。'故'以死生为一条，以可不可为一贯。'（《德充符》）'圣人和之以是非，而休乎天钧。''特犯人之形而犹喜之，若人之形者，万化而未始有极也。其为乐可胜计耶？'（《大宗师》）'是以圣人不由（各是非）而照之以天。'"

③ 作者原注："齑，音济，王闿运引郑注：'细切为齑，'有制裁之意。"

个别存在都占有全宇宙的一部分，万物变化都表现了全宇宙的一部分。道是全体，是一（一不是数目而是整个）。

> 其分也，成也；其成也，毁也。① 凡物无成无毁，复通为一。（《齐物论》）
>
> 唯达者知通为一，② 为是不用而寓诸庸。庸也者，用也；用也者，通也；通也者，得也；适得而几矣。③ 因是已，已而不知其然，谓之道。（《齐物论》）

道是客观存在，不依靠人的主观意识而存在。这个物质世界是可以被认识的（"唯达者知通为一"），一切个别的事物不能违反这个宇宙发展的客观规律，人必需随顺自然（天道服从自然的规律），否则即陷于悲剧的结局：④

> 与物相刃相靡，其行尽如驰而莫之能止，不亦悲乎！终身役役而不见其成功，苶然疲役而不知其所归，可不哀耶？人谓之不死，奚益！其形化，其心与之然，可不谓大哀乎？人之生也，固若是芒乎？其我独芒，而人亦有不芒者乎？

---

① 作者原注："郭注：夫成毁者生于自见，而不见彼也，故无成与毁，犹无是与非也。"

② 作者原注："郭：'夫达者无滞于一方，故忽然自忘而寄当于自用，自用者莫不条畅，而自得也。"

③ 作者原注："王：'几，尽也，至理尽于自得也。''达者因而不作。'"

④ 作者原注："此为庄子之基本的人生悲剧情调。"

（《齐物论》）

二、人生修养方法（解脱此悲剧之方）。①

庄子把他的天道观应用到具体的生活方面，即成为他的适性，逍遥顺化的人生态度。②

  夫列子御风而行，泠然善也。③……此虽免乎行，犹有所待者也。若夫乘天地之正，而御六气之辩④，以游无穷者，彼且恶乎待哉？（《逍遥游》）⑤

  尧让天下于许由，曰：日月出矣，而爝火不息，其于光也，不亦难乎！时雨降矣，而犹浸灌，其于泽也，不亦劳乎！夫子立而天下治，而我犹尸之，吾自视缺然，请致天下！（《逍遥游》）

---

  ① 作者原注："《德充符》《大宗师》，为天学。《养生主》《人间世》《应帝王》为庄子之人学。《齐物论》为逻辑名学。"

  ② 作者眉批："《逍遥游》：'且夫水之积也不厚，则负大舟也无力。覆杯水于坳堂之上，则芥为之舟，置杯焉则胶，水浅而舟大也。'郭注：'理有至分，物有定极，各足称事，其济一也。'配合了客观自然的条件规律，即各自逍遥，即自由。成玄英疏云：'资待合宜，自致得所。'郭象：'物各有极，任之则条畅。''各以得性为至，自尽为极也。'极，即标准。"

  ③ 作者原注："王注：'非风则不得行，斯必有所待也。唯无所不乘者，无待耳。'"

  ④ 作者原注："六气，阴阳风雨明晦。或'天地四时'，辩，去变也。"

  ⑤ 作者原注："宇宙之个别物，皆有待。合于全体之动则可无待。全体之动是物质的自动，本为无待的。郭注：'夫唯与物冥，而循大变者，为能无待而常通。'"

人是自然界的一部分，人只能顺从自然界的规律（"乘天地之正，而御六气之辩"），不能强扭自然界规律以从己。了解了这个自然变化的规律，并且掌握了这个规律，即可以得到"逍遥"；认识了必然就是自由。①

天道是可以被认识的，并且是可以掌握的。能完全掌握这个规律的人即是庄子所谓"至人""圣人""神人"。他们并不是"无名""无功""无己"，乃是说他们不以自己的才能、智力，与天道对抗，他们"顺化"，随顺着自然的变化而变化，而不"自作主张"。

> 周将处乎材与不材之间。似之而非也，故未免乎累。若夫乘道德（自然规律之用于人生方面者曰道德）而浮游，则……与时俱化（与自然变化的节奏一致）……以和为量，浮游乎万物之祖，物物而不物于物，则胡可得累邪？（认识必然，即是自由）（《山木》）

> 至人神矣！大泽焚而不能热，河汉沍而不能寒，疾雷破山，飘风振海而不能惊。若然者，乘云气，骑日月，而游四海之外。死生无变于己，而况利害之端乎！（《齐物论》）

他的"物物而不物于物"，看起来似乎争取主动，其实是完

---

① 作者原注："但只在精神界，未能在物质界。"

全服从自然，不作任何主张，把生活交给自然。若妄作主张，则为"不祥之人"：

> 夫大块（自然）载我以形，劳我以生，佚我以老，息我以死。故善吾生者，乃所以善吾死也。今大冶铸金，金踊跃曰：我且必为镆铘，大冶必以为不祥之金。令一犯人之形，而曰："人耳！人耳！"（如儒家之强调人有仁义礼智之性，人之异于禽兽者），夫造化（自然）者，必以为不祥之人。（《大宗师》）

> 其嗜欲深者，其天机浅。古之真人，不知说生，不知恶死，其出（生）不诉，其入（死）不距……是之谓不以心捐道（俞樾云：捐当揖，即背字），不以人助天。是之谓真人。（《大宗师》）

一个人是否成为一个完全的人，并不在乎他的形骸肢体生得完整无缺，主要的要看他是否认识了自然变化的法则，并且看他是否与之顺化，逍遥。所以庄子列举了许多形骸残废的至人，作为人生的榜样。①

三、思想方法。

庄子的天道观教人先认识天道（自然规律），才可以知道人在宇宙中的地位，不过人只是万物中的一物，所以看问题时不能只站在人的观点，而应站在天的观点。

> 道恶乎隐（依据）而有真伪？言恶乎隐而有是非？……道隐于小成（片面的），言隐于荣华（表面的）。故有儒墨之是非。以是其所非而非其所是。欲是其非而非其所是，则莫若以明。（《齐物论》）②

> 是亦一无穷，非亦一无穷也。故曰：莫若以明。（《齐物论》）

> 是以圣人和之以是非，而休乎天钧，是谓两行。（《齐物论》）③

---

① 作者原注："《德充符》云：'有人之形，无人之情。有人之形，故群于人；无人之情，故是非不得于身。眇乎小哉，所以属于人也。警乎大哉，独成其天。惠子谓庄子曰：人故无情乎？庄子曰：然。惠子曰：人而无情，何以谓之人？庄子曰：道与之貌，天与之形，恶得不谓之人。惠子曰：既谓之人，恶得无情？庄子曰：是非吾所谓情也。吾所谓无情者，言人之不以好恶内伤其身，常因自然而不益生也。'释心任气，舍人从天。"

② 作者原注："是非。"又曰："老子：'知常曰明'。知自然之律，而不依据彼此之是非。"在此段下面又注曰："'因是因非，因非因是，是以圣人不由而照之以天。'（圣人不由是非之途而照之以天，即以明也。）"

③ 作者原注："即'因'之自然律，而无成见。天均，谓天然均等。"

个人的见解只代表了他自己的观察的角度，不可看到真理（天道）的全部。任何的说明也不过说明了宇宙全体的一小部分，说明了这一小部分反而把大部分的道理遗漏了，甚至损伤了：

> 是非之彰也，道之所以亏也。道之所以亏，爱之所以成。果且有成与亏乎哉？果且无成与亏乎哉？有成与亏，故昭氏之鼓琴也；无成与亏，故昭氏之不鼓琴也。（不鼓琴，与天为一。）（《齐物论》）

每一种特殊存在的事物，都在表现了宇宙全体的一部分，个体与个体之间虽有差别，若就其"个体都是天道"（自然）的具体的体现来说，则万物（个体）都是圆满而无缺欠的，所以，庄子说：

> 天下莫大于秋毫之末而泰山为小；莫寿于殇子，而彭祖为夭。天地与我并生，而万物与我为一。（《齐物论》）

> 又何以知毫末之足以定至细之倪，又何以知天地之足以穷至大之域？（《秋水》）

　　把以上这个道理应用到是非、善恶、真假、美丑，都是如此:①

　　　以道观之，物无贵贱，以物观之，自贵而相贱；以俗观之，贵贱不在己；以差观之，因其所大而大之，则万物莫不大，因其所小而小之，则万物莫不小，知天地之为稊米也，知毫末之为丘山也，则差数覩矣；以功观之，因其所有而有之，则万物莫不有，因其所无而无之，则万物莫不无，知东西之相反而不可以相无（因为它们都是体实自然之全体），则功分定矣；以趣（趋向）观之，因其所然而然之，则万物莫不然，因其所非而非之，则万物莫不非，知尧、桀之自然而相非，则趣操覩矣。（《秋水》）②

　　　民湿寝则腰疾偏死，鳅（音秋，泥鳅也）然乎哉？木处则惴慄恂（一作眴，依班固）惧，猨猴然乎哉？三者孰知正处？民食刍（牛羊）豢（犬豕，以所食得名），麋鹿食荐，蝍且甘带（小蛇），鸱鸦嗜鼠，四者孰知正味？……毛嫱丽姬，人之所美也，鱼见之深入，鸟见之高飞，麋鹿见之决骤，四者孰知天下之正色哉？自我观之，仁义之端，是非之塗，樊然淆乱，吾恶能知其辩？（《齐物论》）

————————

　　①　作者原注:"万物皆化，是非无定。"
　　②　作者原注:"相对真理与绝对真理之问题发挥。《知北游》云:'人之生，气之聚也。聚则为生，散则为死，……故万物一也。是其所美者为神奇，其所恶者为臭腐，臭腐复化为神奇，神奇复化为臭腐。故曰:通天下一气耳。'物质与运动。'天下莫不沉浮，终身不故。'日新也。"

　　庄子的思想方法是有其理论基础的，并不是马虎、笼统、无分别。

　　四、政治理想。

　　政治完全是人类做出来的一套制度，用来束缚人性，限制自由的，庄子以为应当反对任何的政治措施。一切人为的制度都是破坏了天道的自然。因为，在自然界中寻不出"政治""圣王"的"政绩"，而自然界的一切存在的事物都在充分地表现出宇宙的谐和、圆满。所以，他极力反对任何的人为，当然政治也在内。

　　　牛马四足之谓天，落（络）马首，穿牛鼻之谓人。故曰：无以人灭天，无以故灭命。（《秋水》）

　　　闻在宥天下①，不闻治天下也。在之也者，恐天下之淫其性也；宥之也者，恐天下之迁其德也，天下不淫其性，不近其德，有治天下者哉？（《在宥》）②

　　　泉涸，鱼相与处于陆，相呴（温气也）以湿，相濡以沫，不如相忘于江湖。（《大宗师》）

---

　　① 作者原注："成疏：'自在，宽宥。'"宥使自在也。（又宥，囿也，在，存也。）

　　② 作者原注："当时客观历史趋势是集权主义，韩非、李斯得以实现。庄子知道而反对之。他非历史趋势之赞助者而为批评者。"

与其誉尧而非桀也，不如两忘而化其道。(《大宗师》)

今世，殊（断也）死者相枕也，桁（音杭）杨（械夹颈
及胫者）者相推也，刑戮者相望也，而儒墨乃始离跂（自异
于众）攘臂乎桎梏之间。噫，甚矣哉，其无愧而不知耻也，
甚矣。吾未知圣知之不为桁杨椄槢（械器）也，仁义之不为
桎梏凿枘也，焉知曾史之不为桀跖嚆矢也。(《在宥》)

第二节 庄子哲学的批判

庄子哲学的宇宙观，接受了老子的学说，是唯物的；庄子的
人生哲学，是唯心的。

庄子所看到的天道，只有变化，而无发展，只有谐和（天钧、
天倪），而无矛盾。[1]

他承认客观世界的变化自有其规律，人力不能对此规律有所
改变，所以要顺应自然。这种看法，构成了他的哲学系统中唯物
论的基础。也正由于他没有全面地掌握了宇宙观的规律；只见其
变化，而不见其矛盾发展，可以由他的宇宙观推演出来的人生哲
学就发生偏差，陷于唯心论。

对于人生方面，他看重个人的生死问题，人在宇宙中完全是
处在可怜的被动的地位，对于大化之既行，人是无可奈何的，每
一个人的命运也必然要遭到的，无可奈何的，既然是一切在"无

---

[1] 作者原注："农业社会之天地观之反映。'四时行，万物生。'"

可奈何"的决定之下，自然会有那种"悲哀"之感。他是对人生有着深沉的悲哀之感的，他的逍遥、自由、不喜不忧、齐荣辱、泯是非，掩饰不住他的悲观主义。可是，他只看到自然界的一方面，人在万物只是其中的一部分，而没有看清人毕竟是人，与其他的万物有不同处，人有其主动性，人有其改变自然的能力，人不仅是"知性命之情"就完事，而且进一步的尽性命之情。他的天人合一论，反对"以人灭天"，而庄子自己却又犯了"以天灭人"的机械决定论的错误。① "先天之忧而忧"的感情，并不是为情所累，倒是自然的真感情，而"鼓盆而歌"的超脱，却正是"超脱"所累。

由贵族下降为自耕农的庄子，这个变化使他必须承认客观世界变化规律的无情，又使他觉得"无所逃于天地之间"，所以他对自然界规律毫无怀疑，而对于他当前所处的"人间世"却不敢相信了。

在思想方法上，也是由于他只看到自然（天），只看到外界客观存在规律的真实性，绝对性，但是他仍旧不曾看到人。就宇宙的全体来说，每一种看法，每一种存在，都有其一定的根据，庄子肯定了这一点。因为每一个存在都在实际体现了宇宙的规律（天道），但是，同一类的人，同一阶级的人，他们的是非，善恶的标准，并不是不可知的，而且是有其客观真实性的。不能用猴子的观点，鱼的观点来衡量人的美丑。庄子不管这些，他只不许

---

① 作者原注："荀子：'蔽于天不知人。'"

人用人的观点衡量万物，但只许用万物（禽兽木石等）的尺度来衡量人，这是错的。鸟的做巢，与人搞政治、教育，都是"天然"。既然承认"毛嫱丽姬人之所美"，可见人亦有"美"的标准的，而是由有目皆睹的客观之实在，为什么一定把人的美丑和鱼比呢？①

对于政治、文化，庄子以为这是反自然的。人所谓文明，都是退化；一切建设在庄子看来，正是破坏，破坏了自然之全。因此，他采取了一种消极的倒退的历史观点。政治是无聊的，人越不问政治，越可以得到逍遥，也越清高。他主观上是与政治不相关，不合作，而在客观上，这种清高倒是为统治阶级所赞许的，不问政治的人当然不会掀起革命运动。所以，真正的儒家，哲学家主张积极与政治合作，限制君主的剥削，反为统治者所不喜，有时遭到严重的迫害。而主张与政府"不合作"的道家，倒可以得到专制君主的赞许，这是有道理的。

儒家思想在今天已被批判了，至少大家已引起了对于这个问题的关心。而道家思想流毒，尤其是一般知识分子及农民中多半还不自觉的残存着。像庄子思想中的这些余毒，尚待我们努力肃清它。

---

① 作者原注："庄子只强调他对真理的'以道观之'的价值，而否定了相对真理之亦有其价值，全体真理中有其部分价值，因庄子缺革命性，均不能掌握到列宁的真理观。"

论《世说新语》和晋人的美

汉末魏晋六朝是中国政治上最混乱、社会上最苦痛的时代，然而却是精神史上极自由、极解放，最富于智慧、最浓于热情的一个时代。因此也就是最富有艺术精神的一个时代。王羲之父子的字，顾恺之和陆探微的画，戴逵和戴颙的雕塑，嵇康的广陵散（琴曲），曹植、阮籍、陶潜、谢灵运、鲍照、谢朓的诗，郦道元、杨衒之的写景文，云岗、龙门壮伟的造像，洛阳和南朝的闳丽的寺院，无不是光芒万丈，前无古人，奠定了后代文学艺术的根基与趋向。

这时代以前——汉代——在艺术上过于质朴，在思想上定于一尊，统治于儒教；这时代以后——唐代——在艺术上过于成熟，在思想上又入于儒、佛、道三教的支配。只有这几百年间是精神上的大解放，人格上思想上的大自由。人心里面的美与丑、高贵与残忍①、圣洁与恶魔②，同样发挥到了极致。这也是中国周秦诸子以后第二度的哲学时代，一些卓超的哲学天才——佛教的大师，也是生在这个时代。

这是中国人生活史里点缀着最多的悲剧，富于命运的罗曼司的一个时期，八王之乱、五胡乱华、南北朝分裂，酿成社会秩序的大解体，旧礼教的总崩溃、思想和信仰的自由、艺术创造精神的勃发，使我们联想到西欧十六世纪的"文艺复兴"。这是强烈、矛盾、热情、浓于生命彩色的一个时代。

但是西洋"文艺复兴"的艺术（建筑、绘画、雕刻）所表现的美是浓郁的、华贵的、壮硕的；魏晋人则倾向简约玄澹，超然绝俗的哲学的美，晋人的书法是这美的最具体的表现。

这晋人的美，是这全时代的最高峰。《世说新语》一书记述得挺生动，能以简劲的笔墨画出它的精神面貌、若干人物的性格、

---

① 晋人的豪迈，不仅超然于世俗礼法之外，有时且超然于善恶之外，有如深山大壑的龙蛇，只是一种壮伟的天娇的生活力的表现。他们有禽兽般的天真与残酷。粗豪的王敦我们可拿这眼光来衡量他。《世说》载，石崇每邀客宴集，常令美人行酒，客饮不尽者，使黄门交斩美人。王丞相（导）与大将军王敦，尝共诣崇，丞相素不能饮，辄自勉强，致于沉醉。每至大将军，固不饮以观其变。已斩三美人，颜色如故，尚不肯。丞相让之。大将军曰："自杀伊家人，何预卿事？"

② 佛说"放下屠刀，立地成佛"，有作恶的魄力的人，亦能具有向善的大勇气大毅力。乡原不但不能为善，且不能为恶。《世说》载：戴渊少年游侠，不治行检，尝在江淮间攻掠商旅。陆机赴假还洛，辎重甚盛。渊使少年掠劫。渊在岸，据胡床，指麾左右，皆得其宜。渊既神姿峰颖。虽处鄙事，神气犹异。机于船屋上遥谓之曰："卿才如此，亦复作劫耶？"渊便泣涕投剑归机，辞厉非常。机弥重之。定交，作笔荐焉。过江仕至征西将军。

时代的色彩和空气。文笔的简约玄澹尤能传神。撰述人刘义庆生于晋末，注释者刘孝标也是梁人；当时晋人的流风余韵犹未泯灭，所述的内容，至少在精神的传模方面，离真象不远（唐修晋书也多取材于它）。

要研究中国人的美感和艺术精神的特性，《世说新语》一书里有不少重要的资料和启示，是不可忽略的。今就个人读书札记粗略举出数点，以供读者参考，详细而有系统的发挥，则有待于将来。

（一）魏晋人生活上人格上的自然主义和个性主义，解脱了汉代儒教统治下的礼法束缚，在政治上先已表现于曹操那种超道德观念的用人标准。一般知识分子多半超脱礼法观点直接欣赏人格个性之美，尊重个性价值。桓温问殷浩曰："卿何如我？"殷答曰："我与我周旋久，宁作我！"这种自我价值的发现和肯定，在西洋是文艺复兴以来的事。而《世说新语》上第六篇《雅量》、第七篇《识鉴》、第八篇《赏誉》、第九篇《品藻》、第十篇《容止》，都系鉴赏和形容"人格个性之美"的。而美学上的评赏，所谓"品藻"的对象乃在"人物"。中国美学竟是出发于"人物品藻"之美学。美的概念、范畴、形容词，发源于人格美的评赏。"君子比德于玉"，中国人对于人格美的爱赏渊源极早，而品藻人物的空气，已盛行于汉末。到"世说新语时代"则登峰造极了。（《世说》载"温太真是过江第二流之高者。时名辈共说人物，第一将尽之间，温常失色"。即此可见当时人物品藻在社会上的势力。）

中国艺术和文学批评的名著，谢赫的《画品》，袁昂、庾肩吾的《画品》、钟嵘的《诗品》、刘勰的《文心雕龙》，都产生在这热闹的品藻人物的空气中。后来唐代司空图的《二十四诗品》，乃集我国美感范畴之大成。

（二）山水美的发现和晋人的艺术心灵。《世说》载东晋画家顾恺之从会稽还，人问山水之美，顾云："千岩竞秀，万壑争流，草木蒙笼其上，若云兴霞蔚。"这几句话不是后来五代北宋荆（浩）、关（同）、董（源）、巨（然）等山水画境界的绝妙写照么？中国伟大的山水画的意境，已包具于晋人对自然美的发现中了！而《世说》载简文帝入华林园，顾谓左右曰："会心处不必在远，翳然林水，便自有濠濮间想也。觉鸟兽禽鱼自来亲人。"这不又是元人山水花鸟小幅，黄大痴、倪云林、钱舜举、王若水的画境吗？（中国南宗画派的精意在于表现一种潇洒胸襟，这也是晋人的流风余韵。）

晋宋人欣赏山水，由实入虚，即实即虚，超入玄境。当时画家宗炳云："山水质有而趣灵。"诗人陶渊明的"采菊东篱下，悠然见南山"，"此中有真意，欲辨已忘言"；谢灵运的"溟涨无端倪，虚舟有超越"；以及袁彦伯的"江山辽落，居然有万里之势"。王右军与谢太傅共登冶城，谢悠然远想，有高世之志。荀中郎登北固望海云："虽未睹三山，便自使人有凌云意。"晋宋人欣赏自然，有"目送归鸿，手挥五弦"，超然玄远的意趣。这使中国山水画自始即是一种"意境中的山水"。宗炳画所游山水悬于室中，对之云："抚琴动操，欲令众山皆响？"郭景纯有诗句曰：

"林无静树，川无停流。"阮孚评之云："泓峥萧瑟，实不可言，每读此文，辄觉神超形越。"这玄远幽深的哲学意味深透在当时人的美感和自然欣赏中。

晋人以虚灵的胸襟、玄学的意味体会自然，乃能表里澄澈，一片空明，建立最高的晶莹的美的意境！司空图《二十四诗品》里曾形容艺术心灵为"空潭写春，古镜照神"，此境晋人有之：

王羲之曰："从山阴道上行，如在镜中游！"

心情的朗澄，使山川影映在光明净体中！

王司州（修龄）至吴兴印渚中看，叹曰："非唯使人情开涤，亦觉日月清朗！"

司马太傅（道子）斋中夜坐，于时天月明净，都无纤翳，太傅叹以为佳。谢景重在坐，答曰："意谓乃不如微云点缀。"太傅因戏谢曰："卿居心不净，乃复强欲滓秽太清邪？"

这样高洁爱赏自然的胸襟，才能够在中国山水画的演进中产生元人倪云林那样"洗尽尘滓，独存孤迥"，"潜移造化而与天游"，"乘云御风，以游于尘壒之表"（皆恽南田评倪画语），创立一个玉洁冰清，宇宙般幽深的山水灵境。晋人的美的理想，很可以注意的，是显著的追慕着光明鲜洁，晶莹发亮的意象。他们赞赏人格美的形容词像："濯濯如春月柳"，"轩轩如朝霞举"，"清风朗月","玉山","玉树","磊砢而英多","爽朗清举",都是一片光亮意象。甚至于殷仲堪死后,殷仲文称他"虽不能休明一世,足以映彻九泉"。形容自然界的如:"清露晨流,新桐初引"。形容建筑的如:"遥望层城,丹楼如霞"。庄子的理想人格"藐姑射仙人,绰约若处子,肌肤若冰雪",不是这晋人的美的意象的源泉么?桓温谓谢尚"企脚北窗下,弹琵琶,故自有天际真人想"。天际真人是晋人理想的人格,也是理想的美。

晋人风神潇洒,不滞于物,这优美的自由的心灵找到一种最适宜于表现他自己的艺术,这就是书法中的行草。行草艺术纯系一片神机,无法而有法,全在于下笔时点画自如,一点一拂皆有情趣,从头至尾,一气呵成,如天马行空,游行自在。又如庖丁之中肯綮,神行于虚。这种超妙的艺术,只有晋人萧散超脱的心灵,才能心手相应,登峰造极。魏晋书法的特色,是能尽各字的真态。"钟繇每点多异,羲之万字不同"。"晋人结字用理,用理则从心所欲不逾矩"。唐张怀瓘《书议》评王献之书云:"子敬之法,非草非行,流便于行草;又处于其中间,无借因循,宁拘制则,挺然秀出,务于简易。情驰神纵,超逸优游,临事制宜,从意适便。有若风行雨散,润色开花,笔法体势之中,最为风流者也!逸少秉真行之要,子敬执行草之权,父之灵和,子之神俊,皆古今之独绝也。"他这一段话不但传出行草艺术的真精神,且将晋人这自由潇洒的艺术人格形容尽致。中国独有的美术书法——这书法也是中国绘画艺术的灵魂——是从晋人的风韵中产生的。魏晋的玄学使晋人得到空前绝后的精神解放,晋人的书法是这自由的精神人格最具体最适当的艺术表现。这抽象的音乐似的艺术方能表达出晋人的空灵的玄学精神和个性主义的自我价值。欧阳修云："余尝喜览魏晋以来笔墨遗迹，而想前人之高致也！所谓法帖者，其事率皆吊哀候病，叙暌离，通讯问，施于家人朋友之间，不过数行而已。盖其初非用意，而逸笔余兴，淋漓挥洒，或妍或丑，百态横生，披卷发函，烂然在目，使骤见惊绝，徐而视之，其意态如无穷尽，使后世得之，以为奇玩，而想见其为人也！"个性价值之发现，是"世说新语时代"的最大贡献，而晋人的书法是这个性主义的代表艺术。到了隋唐，晋人书艺中的"神理"凝成了"法"，于是"智永精熟过人，惜无奇态矣"。

（三）晋人艺术境界造诣的高，不仅是基于他们的意趣超越，深入玄境，尊重个性，生机活泼，更主要的还是他们的"一往情深"！无论对于自然，对探求哲理，对于友谊，都有可述：

> 王子敬云："从山阴道上行，山川自相映发，使人应接不暇。若秋冬之际，尤难为怀！"

好一个"秋冬之际尤难为怀！"

> 卫玠总角时问乐令"梦"。乐云："是想"。卫曰："形神所不接而梦，岂是想邪？"乐云："因也。未尝梦乘车入鼠穴，捣虀啖铁杵，皆无想无因故也。"卫思因经日不得，遂成病。乐闻，故命驾为剖析之。卫即小差。乐叹曰："此儿胸

中，当必无膏肓之疾！"

卫玠姿容极美，风度翩翩，而因思索玄理不得，竟至成病，这不是柏拉图所说的富有"爱智的热情"么？

晋人虽超，未能忘情，所谓"情之所钟，正在我辈"！是哀乐过人，不同流俗。尤以对于朋友之爱，里面富有人格美的倾慕。《世说》中《伤逝》一篇记述颇为动人。庾亮死，何扬州临葬云："埋玉树著土中，使人情何能已已！"伤逝中犹具悼惜美之幻灭的意思。

> 顾恺之拜桓温墓，作诗云："山崩溟海竭，鱼鸟将何依？"人问之曰："卿凭重桓乃尔，哭之状其可见乎？"顾曰："鼻如广莫长风，眼如悬河决溜！"
>
> 顾彦先平生好琴，及丧，家人常以琴置灵床上，张季鹰往哭之，不胜其恸，遂径上床，鼓琴，作数曲竟，抚琴曰："顾彦先颇复赏此否？"因又大恸，遂不执孝子手而出。
>
> 桓子野每闻清歌，辄唤奈何，谢公闻之，曰："子野可谓一往有深情。"
>
> 王长史登茅山，大恸哭曰："琅琊王伯舆，终当为情死！"
>
> 阮籍时率意独驾，不由路径，车迹所穷，辄痛哭而返。

深于情者，不仅对宇宙人生体会到至深的无名的哀感，扩而充之，可以成为耶稣、释迦的悲天悯人；就是快乐的体验也是深

入肺腑，惊心动魄；浅俗薄情的人，不仅不能深哀，且不知所谓
真乐：

> 王右军既去官，与东土人士营山水弋钓之乐。游名山，
> 泛沧海，叹曰，"我卒当以乐死！"

晋人富于这种宇宙的深情，所以在艺术文学上有那样不可企
及的成就。顾恺之有三绝：画绝、才绝、痴绝。其痴尤不可及！
陶渊明的纯厚天真与侠情，也是后人不能到处。

晋人向外发现了自然，向内发现了自己的深情。山水虚灵化
了，也情致化了。陶渊明、谢灵运这般人的山水诗那样的好，是
由于他们对于自然有那一股新鲜发现时身入化境浓酣忘我的趣味；
他们随手写来，都成妙谛，境与神会，真气扑人。谢灵运的"池
塘生春草"也只是新鲜自然而已。然而扩而大之，体而深之，就
能构成一种泛神论宇宙观，作为艺术文学的基础。孙绰《天台山
赋》云："恣语乐以终日，等寂默于不言，浑万象以冥观，兀同
体于自然。"又云："游览既周，体静心闲，害马已去，世事都
捐，投刃皆虚，目牛无全，凝想幽岩，朗咏长川。"在这种深厚的
自然体验下，产生了王羲之的《兰亭序》，鲍照《登大雷岸寄妹
书》，陶宏景、吴均的《叙景短札》，郦道元的《水经注》；这些
都是最优美的写景文学。

（四）我说魏晋时代人的精神是最哲学的，因为是最解放的、
最自由的。支道林好鹤，往郊东岬山，有人遗其双鹤。少时翅长

欲飞。支意惜之，乃铩其翮。鹤轩翥不复能飞，乃反顾翅垂头，视之如有懊丧之意。林曰："既有凌霄之姿，何肯为人作耳目近玩！"养令翮成，置使飞去。晋人酷爱自己精神的自由，才能推己及物，有这意义伟大的动作。这种精神上的真自由、真解放，才能把我们的胸襟像一朵花似的展开，接受宇宙和人生的全景，了解它的意义，体会它的深沉的境地。近代哲学上所谓"生命情调""宇宙意识"，遂在晋人这超脱的胸襟里萌芽起来（使这时代容易接受和了解佛教大乘思想）。卫玠初欲过江，形神惨悴，语左右曰："见此茫茫，不觉百端交集，苟未免有情，亦复谁能遣此？"后来初唐陈子昂《登幽州台歌》："前不见古人，后不见来者。念天地之悠悠，独怆然而涕下！"不是从这里脱化出来？而卫玠的一往情深，更令人心恸神伤，寄慨无穷。（然而孔子在川上，曰："逝者如斯夫，不舍昼夜！"则觉更哲学，更超然，气象更大。）

谢太傅与王右军曰："中年伤于哀乐，与亲友别，辄作数日恶。"

人到中年才能深切地体会到人生的意义、责任和问题，反省到人生的究竟，所以哀乐之感得以深沉。但丁的《神曲》起始于中年的徘徊歧路，是具有深意的。

桓温北征，经金城，见前为琅琊时种柳皆已十围，慨然曰："木犹如此，人何以堪？"攀条执枝，泫然流泪。

桓温武人，情致如此！庾子山著《枯树赋》，末尾引桓大司马曰："昔年种柳，依依汉南；今看摇落，凄怆江潭，树犹如此，人何以堪？"他深感到恒温这话的凄美，把它敷演成一首四言的抒情小诗了。

然而王羲之的《兰亭》诗："仰视碧天际，俯瞰渌水滨。寥阒无涯观，寓目理自陈。大哉造化工，万殊莫不均。群籁虽参差，适我无非新。"真能代表晋人这纯净的胸襟和深厚的感觉所启示的宇宙观。"群籁虽参差，适我无非新"两句尤能写出晋人以新鲜活泼自由自在的心灵领悟这世界，使触着的一切呈露新的灵魂、新的生命。于是"寓目理自陈"，这理不是机械的陈腐的理，乃是活泼泼的宇宙生机中所含至深的理。王羲之另有两句诗云："争先非吾事，静照在忘求。""静照"是一切艺术及审美生活的起点。这里，哲学彻悟的生活和审美生活，源头上是一致的。晋人的文学艺术都浸润着这新鲜活泼的"静照在忘求"和"适我无非新"的哲学精神。大诗人陶渊明的"日暮天无云，春风扇微和"，"即事多所欣"，"良辰入奇怀"，写出这丰厚的心灵"触着每秒光阴都成了黄金"。

（五）晋人的"人格的唯美主义"和友谊的重视，培养成为一种高级社交文化如"竹林之游，兰亭禊集"等。玄理的辩论和人物的品藻是这社交的主要内容。因此谈吐措辞的隽妙，空前绝后。晋人书札和小品文中隽句天成，俯拾即是。陶渊明的诗句和文句的隽妙，也是这"世说新语时代"的产物。陶渊明散文化的诗句又遥遥地影响着宋代散文化的诗派。苏、黄、米、蔡等人们的书法也力追晋人萧散的风致。但总嫌做作夸张，没有晋人的自然。

（六）晋人之美，美在神韵（人称王羲之的字韵高千古）。神韵可说是"事外有远致"，不沾滞于物的自由精神（目送归鸿，手挥五弦）。这是一种心灵的美，或哲学的美，这种事外有远致的力量，扩而大之可以使人超然于死生祸福之外，发挥出一种镇定的大无畏的精神来：

> 谢太傅盘桓东山，时与孙兴公诸人泛海戏。风起浪涌，孙（绰）王（羲之）诸人色并遽，便唱使还。太傅神情方王，吟啸不言。舟人以公貌闲意说，犹去不止。既风转急浪猛，诸人皆喧动不坐。公徐曰："如此，将无归。"众人皆承响而回。于是审其量足以镇安朝野。

美之极，即雄强之极。王羲之书法人称其字势雄逸，如龙跳天门，虎卧凤阙。淝水的大捷植根于谢安这美的人格和风度中。谢灵运泛海诗"溟然无端倪，虚舟有超越"，可以借来体会谢公此时的境界和胸襟。

枕戈待旦的刘琨，横江击楫的祖逖，雄武的桓温，勇于自新的周处、戴渊，都是千载下懔懔有生气的人物。桓温过王敦墓，叹曰："可儿！可儿！"心焉向往那豪迈雄强的个性，不拘泥于世俗观念，而赞赏"力"，力就是美。

庾道季说："廉颇，蔺相如虽千载上死人，懔懔如有生气。曹蛉，李志虽见在，厌厌如九泉下人。人皆如此，便可结绳而治。但恐狐狸猯狢啖尽！"这话何其豪迈、沉痛。晋人崇尚活泼生气，蔑视世俗社会中的伪君子、乡原、战国以后两千年来中国的"社会栋梁"。

（七）晋人的美学是"人物的品藻"，引例如下：

王武子、孙子荆各言其土地之美。王云："其地坦而平，其水淡而清，其人廉且贞。"孙云："其山崔巍以嵯峨，其水㳌渫而扬波，其人磊砢而英多。"

桓大司马（温）病，谢公往省病，从东门入，桓公遥望叹曰："吾门中久不见如此人！"

嵇康身长七尺八寸，风姿特秀，见者叹曰："萧萧肃肃，爽朗清举。"或云："萧萧如松下风，高而徐引。"山公云："嵇叔夜之为人也，岩岩如孤松之独立，其醉也，傀俄若玉山之将崩！"

海西时，诸公每朝，朝堂犹暗，唯会稽王来，轩轩如朝霞举。

谢太傅问诸子侄："子弟亦何预人事，而正欲其佳？"诸人莫有言者。车骑（谢玄）答曰："譬如芝兰玉树，欲使其生于阶庭耳。"

人有叹王恭形茂者，曰："濯濯如春月柳。"

刘尹云："清风朗月，辄思玄度。"

拿自然界的美来形容人物品格的美，例子举不胜举。这两方面的美——自然美和人格美——同时被魏晋人发现。人格美的推重已滥觞于汉末，上溯至孔子及儒家的重视人格及其气象。"世说新语时代"尤沉醉于人物的容貌、器识、肉体与精神的美。所以"看杀卫玠"，而王羲之——他自己被时人目为"飘如游云，矫如惊龙"——见杜弘治叹曰："面如凝脂，眼如点漆，此神仙中人也！"

而女子谢道韫亦神情散朗，奕奕有林下风。根本《世说》里面的女性多能矫矫脱俗，无脂粉气。

总而言之，这是中国历史上最有生气，活泼爱美，美的成就极高的一个时代。美的力量是不可抵抗的，见下一段故事：

> 桓宣武平蜀，以李势妹为妾，甚有宠，尝著斋后。主（温尚明帝女南康长公主）始不知，既闻，与数十婢拔白刃袭之。正值李梳头，发委借地，肤色玉曜，不为动容，徐徐结发，敛手向主，神色闲正，辞甚凄惋，曰："国破家亡，无心至此，今日若能见杀，乃是本怀！"主于是掷刀前抱之："阿子，我见汝亦怜，何况老奴！"遂善之。

话虽如此，晋人的美感和艺术观，就大体而言，是以老庄哲学的宇宙观为基础，富于简淡、玄远的意味，因而奠定了一千五百年来中国美感——尤以表现于山水画、山水诗的基本趋向。

中国山水画的独立，起源于晋末。晋宋山水画的创作，自始即具有"澄怀观道"的意趣。画家宗炳好山水，凡所游历，皆图之于壁，坐卧向之，曰："老病俱至，名山恐难遍游，惟当澄怀观道，卧以游之。"他又说："圣人含道应物，贤者澄怀味像；人以神法道而贤者通，山水以形媚道而仁者乐。"他这所谓"道"，就是这宇宙里最幽深最玄远却又弥沦万物的生命本体。东晋大画家顾恺之也说绘画的手段和目的是"迁想妙得"。这"妙得"的对象也即是那深远的生命，那"道"。

中国绘画艺术的重心——山水画，开端就富于这玄学意味（晋人的书法也是这玄学精神的艺术），它影响着一千五百年，使中国绘画在世界上成一独立的体系。

他们的艺术的理想和美的条件是一味绝俗。庾道季见戴安道所画行像，谓之曰："神明太俗，由卿世情未尽！"以戴安道之高，还说是世情未尽，无怪他气得回答说；"唯务光当免卿此语耳！"

然而也足见当时美的标准树立得很严格，这标准也就一直是后来中国文艺批评的标准："雅""绝俗"。

这唯美的人生态度还表现于两点：一是把玩"现在"，在刹那的现量的生活里求极量的丰富和充实，不为着将来或过去而放弃现在价值的体味和创造：

王子猷尝暂寄人空宅住，便令种竹。或问："暂住何烦尔？"王啸咏良久，直指竹曰："何可一日无此君！"

二则美的价值是寄于过程的本身，不在于外在的目的，所谓"无所为而为"的态度。

> 王子猷居山阴，夜大雪，眠觉开室命酌酒，四望皎然，因起彷徨，咏左思《招隐》诗。忽忆戴安道，时戴在剡，即便乘小船就之。经宿方至，造门不前而返。人问其故，王曰："吾本乘兴而来，兴尽而返，何必见戴？"

这截然地寄兴趣于生活过程的本身价值而不拘泥于目的，显示了晋人唯美生活的典型。

（八）晋人的道德观与礼法观。孔子是中国二千年礼法社会和道德体系的建设者。创造一个道德体系的人，也就是真正能了解这道德的意义的人。孔子知道道德的精神在于诚，在于真性情，真血性，所谓赤子之心。扩而充之，就是所谓"仁"。一切的礼法，只是它托寄的外表。舍本执末，丧失了道德和礼法的真精神真意义，甚至于假借名义以便其私，那就是"乡原"，那就是"小人之儒"。这是孔子所深恶痛绝的。孔子曰："乡原，德之贼也。"又曰："女为君子儒，无为小人儒！"他更时常警告人们不要忘掉礼法的真精神真意义。他说："人而不仁如礼何？人而不仁如乐何？"子于是日哭，则不歌。食于丧者之侧，未尝饱也。这伟大的真挚的同情心是他的道德的基础。他痛恶虚伪。他骂"巧言令色鲜矣仁！"他骂"礼云、礼云，玉帛云乎哉！"然而孔子死后，汉代以来，孔子所深恶痛绝的"乡原"支配着中国社会，成为"社会栋梁",把孔子至大至刚、极高明的中庸之道化成弥漫社会的庸俗主义、妥协主义、折中主义、苟安主义,孔子好像预感到这一点,他所以极力赞美狂狷而排斥乡原。他自己也能超然于礼法之表追寻活泼的真实的丰富的人生。他的生活不但"依于仁",还要"游于艺"。他对于音乐有最深的了解并有过最美妙、最简洁而真切的形容。他说:

> 乐,其可知也!始作,翕如也。从之,纯如也。皦如也。绎如也。以成。

他欣赏自然的美,他说:仁者乐山,智者乐水。

他有一天问他几个弟子的志趣。子路、冉有、公西华都说过了,轮到曾点,他问道:

> "点,尔何如?"鼓瑟希,铿尔,舍瑟而作,对曰:"异乎三子者之撰!"子曰:"何伤乎?亦各言其志也。"曰:"莫春者,春服既成,冠者五六人,童子六七人,浴乎沂,风乎舞雩,咏而归!"
>
> 夫子喟然叹曰:"吾与点也!"

孔子这超然的、蔼然的、爱美爱自然的生活态度,我们在晋人王羲之的《兰亭序》和陶渊明的田园诗里见到遥遥嗣响的人,汉代的俗儒钻进利禄之途,乡原满天下。魏晋人以狂狷来反抗这乡原的社会，反抗这桎梏性灵的礼教和士大夫阶层的庸俗，向自己的真性情、真血性里掘发人生的真意义、真道德。他们不惜拿自己的生命、地位、名誉来冒犯统治阶级的奸雄假借礼教以维持权位的恶势力。曹操拿"败伦乱俗，讪谤惑众，大逆不道"的罪名杀孔融。司马昭拿"无益于今，有败于俗，乱群惑众"的罪名杀嵇康。阮籍佯狂了，刘伶纵酒了，他们内心的痛苦可想而知。这是真性情、真血性和这虚伪的礼法社会不肯妥协的悲壮剧。这是一班在文化衰堕时期替人类冒险争取真实人生真实道德的殉道者。他们殉道时何等的勇敢，从容而美丽：

> 嵇康临刑东市，神气不变，索琴弹之，奏广陵散，曲终曰："袁孝尼尝请学此散，吾靳固不与，广陵散于今绝矣！"

以维护伦理自命的曹操枉杀孔融，屠杀到孔融七岁的小女、九岁的小儿，谁是真的"大逆不道"者？

道德的真精神在于"仁"，在于"恕"，在于人格的优美。《世说》载：

> 阮光禄（裕）在剡，曾有好车，借者无不皆给。有人葬亲，意欲借而不敢言。阮后闻之，叹曰："吾有车而使人不敢借，何以车为？"遂焚之。

这是何等严肃的责己精神！然而不是由于畏人言，畏于礼法的责备，而是由于对自己人格美的重视和伟大同情心的流露。

> 谢奕作剡令，有一老翁犯法，谢以醇酒罚之，乃至过醉，而犹未已。太傅（谢安）时年七八岁，著青布绔，在兄膝边坐，谏曰："阿兄，老翁可念，何可作此！"奕于是改容，曰："阿奴欲放去耶？"遂遣之。

谢安是东晋风流的主脑人物，然而这天真仁爱的赤子之心实是他伟大人格的根基。这使他忠诚谨慎地支持东晋的危局至于数十年。肥水之役，苻坚发戎卒六十余万、骑二十七万，大举入寇，东晋危在旦夕。谢安指挥若定，遣谢玄等以八万兵一举破之。苻坚风声鹤唳，草木皆兵，仅以身免。这是军事史上空前的战绩，诸葛亮在蜀没有过这样的胜利！

一代枭雄，不怕遗臭万年的桓温也不缺乏这英雄的博大的同情心：

> 桓公入蜀，至三峡中，部伍中有得猨子者，其母缘岸哀号，行百余里不去，遂跳上船，至便即绝。破视其腹中，肠皆寸寸断。公闻之，怒，命黜其人。

晋人既从性情的真率和胸襟的宽仁建立他的新生命，摆脱礼法的空虚和顽固，他们的道德教育遂以人格的感化为主。我们看谢安这段动人的故事：

　　谢虎子尝上屋薰鼠。胡儿（虎子之子）既无由知父为此事，闻人道痴人有作此者，戏笑之。时道此非复一过。太傅既了己（指胡儿自己）之不知，因其言次语胡儿曰："世人以此谤中郎（虎子），亦言我共作此。"胡儿懊热，一月，日闭斋不出。太傅虚托引己之过，必相开悟，可谓德教。

我们现代有这样精神伟大的教育家吗？所以：

　　谢公夫人教儿，问太傅："那得初不见公教儿？"答曰："我常自教儿！"

这正是像谢公称赞褚季野的话："褚季野虽不言，而四时之气亦备！"

他确实在教，并不姑息，但他着重在体贴入微的潜移默化，不欲伤害小儿的羞耻心和自尊心：

　　谢玄少时好著紫罗香囊垂覆手。太傅患之，而不欲伤其意；乃谲与赌，得即烧之。

这态度多么慈祥，而用意又何其严格！谢玄为东晋立大功，救国家于垂危，足见这教育精神和方法的成绩。

当时文俗之士所最仇疾的阮籍，行动最为任诞，蔑视礼法也最为彻底。然而正在他身上我们看出这新道德运动的意义和目标。这目标就是要把道德的灵魂重新建筑在热情和率真之上，摆脱陈腐礼法的外形。因为这礼法已经丧失了它的真精神，变成阻碍生机的桎梏，被奸雄利用作政权工具，借以锄杀异己（如曹操杀孔融）。

> 阮籍当葬母，蒸一肥豚，饮酒二斗，然后临诀。直言"穷矣！"举声一号，吐血数升，废顿良久。

他拿鲜血来灌溉道德的新生命！他是一个壮伟的丈夫。容貌瑰杰，志气宏放，傲然独得，任性不羁，当其得意，忽忘形骸，"时人多谓之痴"。① 这样的人，无怪他的诗"旨趣遥深，反覆零乱，兴寄无端，和愉哀怨，杂集于中"。他的咏怀诗是古诗十九首以后第一流的杰作。他的人格坦荡谆至，虽见嫉于士大夫，却能见谅于酒保：

> 阮公邻家妇有美色，当垆沽酒。阮与王安丰常从妇饮酒。阮醉便眠其妇侧。夫始殊疑之，伺察终无他意。

---

① 《晋书》载：阮籍尝登广武，观楚汉战处。叹曰："时无英雄，遂使竖子成名！"登武牢山，望京邑而叹，于是赋豪杰诗。

阮籍人物瑰伟，有济世志，大概也懂得兵法，如谢安之流，然胸中积块垒惟借酒消之，不然，司马昭未必是他的敌手。

籍子浑，有父风，多慕通达，不饰小节。籍曰："仲容（籍兄子阮咸）已予吾此流，汝不得复尔！"他超脱了世俗，却又超脱了自己。

这样解放的自由的人格是洋溢着生命，神情超迈，举止历落，态度恢廓，胸襟潇洒：

> 王司州（修龄）在谢公坐，咏"入不言兮出不辞、乘回风兮载云旗！"（九歌句）语人云："'当尔时'觉一坐无人！"

桓温读高士传，至于陵仲子，便掷去曰："谁能作此溪刻自处？"这不是善恶之彼岸的超然的美和超然的道德吗？

"振衣千仞冈，濯足万里流！"晋人用这两句诗写下他的千古风流和不朽的豪情！

原载重庆《星期评论》周刊第 10 期，

1941 年 1 月出版